과학공화국 수학법정

5 확률과 통계

과학공화국 수학법정 5
확률과 통계

초판 1쇄 발행일 | 2007년 5월 31일
초판 21쇄 발행일 | 2022년 12월 1일

지은이 | 정완상
펴낸이 | 정은영
펴낸곳 | (주)자음과모음

출판등록 | 2001년 11월 28일 제2001-000259호
주소 | 10881 경기도 파주시 회동길 325-20
전화 | 편집부 (02)324-2347, 경영지원부 (02)325-6047
팩스 | 편집부 (02)324-2348, 경영지원부 (02)2648-1311
e-mail | jamoteen@jamobook.com

ISBN 978-89-544-1384-8 (04410)

과학공화국 수학법정

5
확률과 통계

정완상(국립 경상대학교 교수) 지음

|주|자음과모음

생활 속에서 배우는 기상천외한 수학 수업

수학과 법정, 이 두 가지는 전혀 어울리지 않은 소재들입니다. 그리고 여러분들이 제일 어렵게 느끼는 말들이기도 하지요. 그럼에도 이 책의 제목에는 분명 '수학법정'이라는 말이 들어 있습니다. 그렇다고 이 책의 내용이 아주 어려울 거라고 생각하지는 마세요. 저는 법률과는 무관한 기초과학을 공부하는 사람입니다. 그런데도 '법정'이라고 제목을 붙인 데는 이유가 있습니다.

또한 독자들은 왜 물리학 교수가 수학과 관련된 책을 쓰는지 궁금해 할지도 모릅니다. 하지만 저는 대학과 KAIST 시절 동안 과외를 통해 수학을 가르쳤습니다. 그러면서 어린이들이 수학의 기본 개념을 잘 이해하지 못해 수학에 대한 자신감을 잃었다는 것을 알았습니다. 그리고 또 중 · 고등학교에서 수학을 잘하려면 초등학교 때부터 수학의 기초가 잡혀 있어야 한다는 것을 알아냈습니다. 이 책은 주 대상이 초등학생입니다. 그리고 많은 내용을 초등학교 과정에서 발

줘했습니다.

그럼 왜 수학 얘기를 하는데 법정이라는 말을 썼을까요? 그것은 최근에 〈솔로몬의 선택〉을 비롯한 많은 텔레비전 프로에서 재미있는 사건을 소개하면서 우리들에게 법률에 대한 지식을 쉽게 알려 주기 때문입니다.

그래서 수학의 개념을 딱딱하지 않게 어린이들에게 소개하고자 법정을 통한 재판 과정을 도입하였습니다.

여러분은 이 책을 재미있게 읽으면서 생활 속에서 수학을 쉽게 적용할 수 있을 것입니다. 그러니까 이 책은 수학을 왜 공부해야 하는가를 알려 준다고 볼 수 있지요.

수학은 가장 논리적인 학문입니다. 그러므로 수학법정의 재판 과정을 통해 여러분은 수학의 논리와 수학의 정확성을 알게 될 것입니다. 이 책을 통해 어렵다고만 생각했던 수학이 쉽고 재미있다는 걸 느낄 수 있길 바랍니다.

끝으로 이 책을 쓰는 데 도움을 준 (주)자음과모음의 강병철 사장님과 모든 식구들에게 감사를 드리며, 스토리 작업에 참가해 주말도 없이 함께 일해 준 조민경, 강지영, 이나리, 김미영, 도시은, 윤소연, 강민영, 황수진, 조민진 양에게 감사를 드립니다.

진주에서

정완상

목차

매쓰 변호사

프롤로그

수학법정의 탄생

과학공화국이라고 부르는 나라가 있었다. 이 나라에는 과학을 좋아하는 사람들이 모여 살았고, 인근에는 음악을 사랑하는 사람들이 사는 뮤지오 왕국과 미술을 사랑하는 사람들이 사는 아티오 왕국, 공업을 장려하는 공업공화국 등 여러 나라가 있었다.

과학공화국은 다른 나라 사람들에 비해 과학을 좋아했지만 과학의 범위가 넓어 어떤 사람은 물리를 좋아하는 반면 또 어떤 사람은 반대로 수학을 좋아하기도 했다.

특히 다른 모든 과학 중에서 논리적으로 정확하게 설명해야 하는 수학의 경우 과학공화국의 명성에 맞지 않게 국민들의 수준이 그리 높은 편은 아니었다. 그리하여 공업공화국의 아이들과 과학공화국의 아이들이 수학 시험을 치르면 오히려 공업공화국 아이들의 점수가 더 높을 정도였다.

특히 최근 인터넷이 공화국 전체에 퍼지면서 게임에 중독된 과학공화국 아이들의 수학 실력은 기준 이하로 떨어졌다. 그러다 보니 수학 과외나 학원이 성행하게 되었고 그런 와중에 아이들에게 엉터리 수학을 가르치는 무자격 교사들도 우후죽순 나타나기 시작했다.

수학은 일상생활의 여러 문제에서 만나게 되는데 과학공화국 국민들의 수학에 대한 이해가 떨어지면서 곳곳에서 수학적인 문제로 분쟁이 끊이지 않았다. 그리하여 과학공화국의 박과학 대통령은 장관들과 이 문제를 논의하기 위해 회의를 열었다.

"최근의 수학 분쟁을 어떻게 처리하면 좋겠소?"

대통령이 힘없이 말을 꺼냈다.

"헌법에 수학적인 부분을 좀 추가하면 어떨까요?"

법무부 장관이 자신 있게 말했다.

"좀 약하지 않을까?"

대통령이 못마땅한 듯이 대답했다.

"그럼 수학으로 판결을 내리는 새로운 법정을 만들면 어떨까요?"

수학부 장관이 말했다.

"바로 그거야. 과학공화국답게 그런 법정이 있어야지. 그래, 수학 법정을 만들면 되는 거야. 그리고 그 법정에서의 판례들을 신문에 게재하면 사람들이 더 이상 다투지 않고 자신의 잘못을 인정할 수 있을 거야."

대통령은 입을 환하게 벌리며 흡족해했다.

"그럼 국회에서 새로운 수학법을 만들어야 하지 않습니까?"

법무부 장관이 약간 불만족스러운 듯한 표정으로 말했다.

"수학은 가장 논리적인 학문입니다. 누가 풀든 같은 문제에 대해서는 같은 정답이 나오는 것이 수학입니다. 그러므로 수학법정에서는 새로운 법을 만들 필요가 없습니다. 혹시 새로운 수학이 나온다면 모를까……."

수학부 장관이 법무부 장관의 말에 반박했다.

"그래, 나도 수학을 좋아하지만 어떤 방법으로 풀든 답은 같게 나왔어."

대통령은 수학법정을 벌써 확정 짓는 것 같았다. 이렇게 해서 수학공화국에는 수학적으로 판결하는 수학법정이 만들어지게 되었다.

초대 수학법정의 판사는 수학에 대한 책을 많이 쓴 수학짱 박사가 맡게 되었다. 그리고 두 명의 변호사를 선발했는데 한 사람은 수학과를 졸업했지만 수학에 대해 그리 깊이 알지 못하는 수치라는 이름을 가진 40대였고, 다른 한 변호사는 어릴 때부터 수학경시대회에서 항상 대상을 받았던 수학 천재 매쓰였다.

이렇게 해서 과학공화국 사람들 사이에서 벌어지는 많은 수학 관련 사건들이 수학법정의 판결을 통해 깨끗하게 마무리될 수 있었다.

제1장

경우의 수에 관한 사건

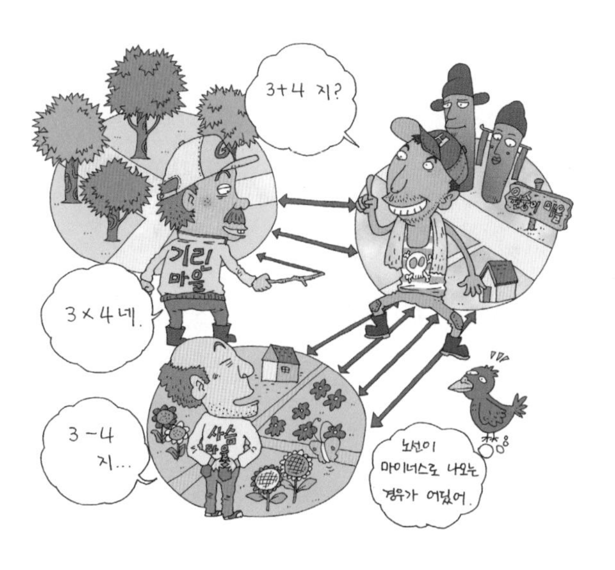

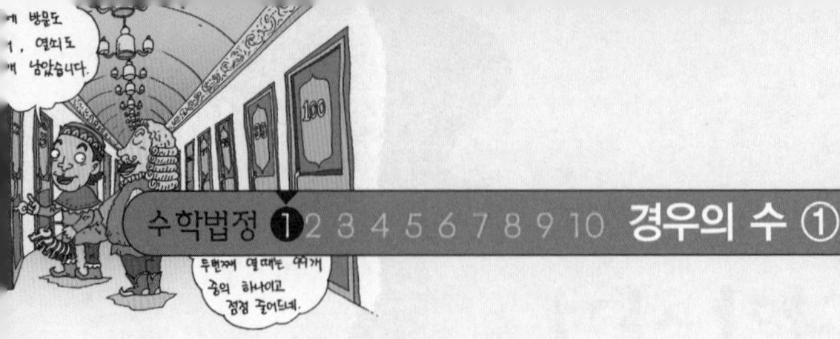

열쇠 100개와 자물쇠 100개

100개의 열쇠 구멍에 몇 번이나
열쇠를 꽂아야 할까요?

"크큭큭, 킥킥킥."

책을 읽던 아란이가 자지러지게 웃고 있었다.

"뭔데 그렇게 재미나게 보고 있니?"

"그런 게 있어. 어린애들은 몰라."

"김아란, 너도 초딩이면 어린애거든!"

"크큭큭, 푸하하하."

"뭐야. 같이 좀 보자!"

따라쟁이 김따라는 아란이의 웃음소리가 너무 궁금해서 아란이에게 뭘 읽고 있냐고 물어보았다. 하지만 새침데기 아란이는 혼자만 책을 독차지하고 앉아서는 따라에게 이야기해 줄 생각을 좀처럼 하지 않았다. 한참 동안 혼자서 재미나게 책을 읽던 아란이가 책을 가방에 꼭꼭 숨겨 두고는 교실 밖으로 나갔다. 그러자 호기심이 발동한 따라는 아란이의 가방을 뒤지기 시작했다.

'남의 물건을 함부로 건드리면 안 되지만, 나에게 아무것도 보여주지 않은 아란이의 행동이 너무 얄밉단 말이야. 그리고 그 책이 뭐가 그렇게 재미났는지 진짜 궁금해.'

따라는 허락도 없이 아란이의 가방을 건드린다는 것이 양심에 걸려 잠깐 고민을 했다. 하지만 아란이가 본 책이 무엇인지 너무 궁금한 나머지 어쩔 수 없이 아란이의 가방을 열었다. 그러고 나서 아란이가 방금 전까지 읽었던 책을 꺼냈다.

"도대체, 이게 무슨 책이기에 매일 가져와서 혼자서만 보물처럼 보는 거지?"

김따라는 아란이의 책을 펴서 읽어 보았다. 처음에 책을 읽기 시작했을 때만 해도 따라는 아란이가 괜히 오버했다고 생각했다. 하지만 책을 조금씩 읽어 나가기 시작하면서 아란이보다 더 크게 웃기 시작했다. 책이 어찌나 재미있던지 따라는 책을 보다가 바닥에 뒹굴기까지 했다.

밖에 나갔다가 교실로 뒤늦게 돌아온 아란이는 따라가 자신의 책을 읽고 있는 걸 알고는 따라를 째려보기 시작했다.

"너 지금 장난하니?"

"까르륵, 꺄꺄, 아이고, 배야."

"너 남의 물건은 함부로 만지는 게 아니야. 만지려면 상대방의 허락을 받는 게 에티켓이라는 거 모르니?"

"야, 난 지금 네 말에 대꾸할 힘도 없어. 이 책 너무 웃겨서 쓰러지겠어."

아란이가 무지 화가 났음에도 불구하고 따라에게는 그런 행동들이 전혀 눈에 들어오지 않았다. 워낙 책이 웃겼던 터라 따라는 자기가 아란이의 가방에서 책을 몰래 꺼냈다는 사실조차 잊고 있었다.

"넌 정말 구제불능이구나. 그러니까 남들 다 있는 여자 친구도 없는 거라고! 흥!"

"여자 친구고 뭐고 나 너무 웃겨 돌아가시겠어. 근데 너 이 책 어디서 샀어?"

"안 가르쳐 줄 거야. 넌 어쩜 그렇게 무식하니? 하긴 서점이 어딘지도 모르고 사는 네가 뭘 알겠니?"

단단히 화가 난 아란이가 따라의 물음을 무시한 채 가방에 책을 넣고 있었다.

"야, 너 치사하게 그럴 거야?"

"네가 더 치사해. 남의 가방이나 몰래 열어 보고 말이야."

"이제 안 그럴게. 나 그 책 꼭 사야겠어. 이참에 나도 독서 소년이 되어 볼래."

"됐거든. 난 너의 무례함을 용서할 수가 없어."

따라가 아무리 사정을 해도 아란이는 꿈쩍도 하지 않았다. 아란이는 사과 한번 제대로 하지 않는 따라가 너무도 얄미웠다.

"난 너의 그런 태도가 맘에 들지 않아. 잘못했을 때는 미안하다고 사과하는 게 당연한 거야. 근데 넌 또 장난처럼 어영부영 넘어가려고 하잖아."

"정말 미안해. 그러니까 네가 좀 알려 줘."

사실 따라는 자신이 뭘 잘못했는지도 모르고 있었다. 단지 사과를 하지 않으면 아란이가 책을 어디서 샀는지 말해 주지 않을 것 같아서 사과하는 척했다. 하지만 눈치 백단인 아란이는 그런 따라의 태도가 더 못마땅하게 여겨졌다. 아란이가 따라의 질문에 계속 대답해 주지 않자 따라는 그제야 아란이가 정말 화가 났다고 생각했다.

"미안해, 아란아. 난 내가 그렇게 잘못했는지 몰랐어. 그냥 네가 너무 책을 안 보여 주니까 궁금해서 견딜 수가 없어서 그랬어. 진심으로 사과할게."

"아무리 그래도 그렇지. 내 가방은 곧 내 사생활을 보여 주는 것이라고 생각해. 난 내 사생활을 남에게 침해당하는 건 딱 질색이라고!"

"진짜 미안해. 대신 내가 일주일 동안 집에 갈 때 네 가방 들어 줄게. 화 풀고 책 어디서 샀는지 좀 알려 줘. 급하게 읽느라고 책 제목도 못 봤거든."

"네가 이렇게까지 나오니까 이번 한 번만 봐 줄게. 대신 일주일 동안 가방은 꼭 들어 주는 거다!"

따라의 완곡한 사정으로 아란이는 책 제목과 산 곳을 일러주었다.

"이 책 우리 삼촌이 사다 준 건데, 책 제목은《나와라 수학 법전》이고, 이거 시리즈로 다 있어. 정말 유익한 책이야."

"근데 정말 웃기던데? 뒤에는 공부하는 내용도 나와?"

"당연하지. 이 책의 최대 장점이 공부를 쉽고 재미있게 가르쳐 준다는 거야."

아란이는 따라에게 책을 어디서 샀으며 현재 몇 권까지 나왔는지 상세하게 일러주었다. 다음 날 따라는 아란이가 말한 책을 사들고 끙끙거리며 학교로 왔다.

"오 마이 갓! 따라, 너 그렇다고 그 시리즈를 다 들고 왔니? 너 오늘 이거 다 읽을 수 있겠어?"

"어제부터 사서 막 읽기 시작했는데 책이 이렇게 재미있었던 적은 처음인 것 같아. 완전 좋아."

"그래도 이 책을 학교에 다 가져온 건 솔직히 무리라고 봐."

"아냐, 괜찮아. 너무 재미있어서 읽는 속도도 무지 빨라. 나 이거 다 읽고 한 번씩 꼭 더 읽을 거야."

평소 공부 안 하기로 소문난 따라의 돌출 행동에 친구들까지 적잖게 놀라고 있었다. 그날 하루 종일 따라는 쉬는 시간마다《수학 법전》을 읽고 있었다. 반 친구들은 쉬는 시간마다 책을 읽으며 웃는 따라의 소리를 들어 주느라 귀가 아플 지경이었다.

"따라, 그만 좀 웃어. 너 평생 처음 읽는 책이라고 너무 티 내는 거 아니니?"

"우하하하, 캬캬캬. 이거 정말 재미있어. 궁금하면 너희들도 한 번 읽어 봐."

따라가 어찌나 많이 웃어 댔던지 아이들도 슬슬 그 책에 대해 궁금해하기 시작했다. 책은 재미난 이야기와 함께 수학을 가르쳐 주는 구성으로 되어 있었다. 책 속에 담긴 내용 하나하나가 너무 재미있고 유익해서 다른 아이들도 다음 날이 되자 하나 둘씩 책을 사서 학교로 가져오기 시작했다.

"어? 너도 이 책 샀어?"

"어라? 너도 샀어? 난 어제 따라처럼 공부 안 하는 애가 재밌다고 하기에 어떤 책인지 정말 궁금해졌어. 그래서 당장 엄마를 졸랐지 뭐야."

"나랑 똑같네, 오늘 아침에 보니까 우리 반 애들 절반 이상이 이 책을 다 가지고 온 것 같아."

이렇게 그날부터 따라네 반은《나와라 수학 법전》을 읽는 아이들의 웃음소리로 왁자지껄해졌다. 책이 워낙 재미나고 유익해서 아이들에게 책은 어느새 '인기 짱'이 되어 있었다.

그러던 어느 날 다른 반 친구가 따라네 반에 와서 이 책을 읽으면서 자지러지게 웃는 따라네 반 친구들을 보게 되었다.

"니들은 왜 쉬는 시간이면 그렇게 요란하게 웃기만 하니?"

"그런 게 있어, 우리 반만의 비밀이야."

아이들은 좋은 책을 자기 반만 알고 있다는 것이 무슨 자랑이라도 되는 양 의기양양하게 말했다. 궁금해진 옆 반 친구도 슬쩍 책을 보더니 너무 재미있어서 그 책을 자기 반에 퍼뜨렸다. 이젠 전교생이 거의 이 책을 읽게 되었고 이 책의 내용을 모르면 대화에 끼지도 못할 지경이 되어 버렸다.

《나와라 수학 법전》은 시리즈물이었는데, 얼마나 인기가 좋았던지 아이들은 전 시리즈를 다 읽고 이제는 다음 시리즈가 나오길 기다렸다. 시리즈는 그 권의 문제의 답을 다음 호에서 알려 주고 있어서 아이들의 궁금증은 더해만 갔다. 다음 권이 나올 때까지 아이들은 마지막 권의 문제에 대한 답을 무척 궁금해했다.

"마지막 권에 나왔던 문제 정말 궁금하지 않니?"

아란이가 아이들을 불러 모아 《나와라 수학 법전》의 마지막 권 문제에 대해 이야기하고 있었다.

"어느 성에 100개의 방이 있고, 100개의 열쇠가 있다. 그런데 열쇠에 붙여 놓았던 방 번호가 모두 사라져 버렸다. 그래서 하인에게 찾게 하여 한 번 열쇠 구멍에 끼워 보는 데 1달란트를 준다고 했다. 이 문제 말이야."

"하인이 요구한 것은 100×100＝10,000달란트 아닐까?"

"아냐, 좀 이상한 것 같아. 난 그것보다 하인이 요구해야 할 돈이 적을 것 같거든."

여기저기서 아이들의 추측이 나오고 있었다. 하지만 대답하는 아이들이 많아질수록 궁금증만 더해 갔다. 도무지 다음 권이 나올 때까지 견딜 수가 없어진 아이들은 이 문제를 우선 수학 법정에 물어보기로 했다.

방문을 열면서 열쇠가 하나씩 줄어들기 때문에

열쇠를 넣어 보는 최댓값은

100+99+98+97+……+2+1(번)이 됩니다

하인은 열쇠 구멍에
몇 번을 꽂아 보아야 할까요?
수학법정에서 알아봅시다.

재판을 시작합니다. 먼저 수치 변호사, 의견 말해 주세요.

대충 끼워 보면 되지 뭘 이런 걸 수학으로 따집니까? 모든 게 수학으로 해결될 거라는 생각을 버리세요. 이건 간단한 문제예요. 구멍이 100개이고 열쇠가 100개이니까 100과 100의 곱은 10,000번을 끼워 보면 해결되지요. 나는 그 생각에 동의합니다.

매쓰 변호사 다른 의견 있습니까?

물론이죠. 저는 만 번보다는 적은 횟수로 100개의 방을 모두 열어 볼 수 있다고 생각합니다.

그게 무슨 말이죠? 구체적으로 말씀해 주시겠습니까?

100개의 문을 차례대로 1번부터 100번까지라고 해 보죠. 그럼 1번 문에 100개의 열쇠를 넣어 보면 그중 하나는 맞을 거예요. 물론 우연히 처음에 넣어 본 열쇠에 문이 스르륵 열릴 수도 있겠지만 반대로 맨 마지막 열쇠를 넣었을 때 문이 열리는 경우도 있잖아요? 그러니까 가장 재수가 없는 경우를 따져 보도록 하죠. 그럼 첫 번째 방문을 여는 데는 최대 100번 열쇠를 넣어 봐야 하니까 하인은 100달란트를 받아야 해요.

그럼 수치 변호사의 말이 맞잖아요?

하지만 두 번째 방부터는 상황이 달라져요.

그건 왜죠?

100개의 열쇠 중에서 하나의 열쇠는 1번 방의 열쇠로 결정되었으므로 이제 남은 열쇠는 99개예요.

그렇군요.

그러니까 2번 방문에 99개의 열쇠를 넣어 보면 반드시 그중 하나는 2번 방을 열 수 있는 열쇠일 거예요. 마찬가지로 3번 방은 98개의 열쇠, 4번 방은 97개의 열쇠…… 이런 식으로 되니까 100개의 방문을 여는 데는 열쇠를 넣어 보는 횟수의 최대값은 100+99+98+97+……+2+1(번)이 되지요. 이 값을 계산하면 5,050이 되므로 하인이 받아야 할 돈은 1만 달란트가 아니라 5,050달란트예요.

서로 다른 주사위를 동시에 던질 때 눈의 합이 7이 되는 경우의 수

서로 다른 주사위를 A, B라고 합시다. 이때 눈의 합이 7이 되는 경우는 다음과 같습니다.

A	1	2	3	4	5	6
B	6	5	4	3	2	1

위에서 보여 주듯이 모두 여섯 가지의 경우가 나오게 됩니다.

그렇다면 아이들의 추측이 옳았군요. 정말 요즘 아이들은 호기심이 대단한 것 같습니다. 아무튼 아이들에게 오늘 재판 내용을 정리해서 알려 주는 것으로 오늘의 판결을 마칩니다.

자판기 동전 센서의 종류

자판기 센서를 이용한
경우의 수는 몇 가지일까요?

정수학 선생님은 아이들에게 인기가 캡이었다. 정수학 선생님 반에 들어온 아이들은 숫자에 관해서라면 신의 경지에 도달해 나간다는 말이 있을 정도로 정수학 선생님의 수업은 유명했다.

"역시 정수학 선생님 수업은 듣기도 쉬울 뿐만 아니라 핵심만 쏙쏙 뽑아 설명을 해 주니 명료해서 좋아."

"나 처음 왔을 때 수학은 완전 포기 상태였던 거 기억하지?"

"당연하지. 너 숫자 읽는 것 외에는 아무것도 못했잖아."

"야, 아무리 그래도 그렇지. 그 정돈 아니었어!"

정수학 선생님 반 학생인 김지호와 서유린은 매일 듣는 정수학 선생님의 수업인데도 불구하고 항상 그날그날마다 감탄을 절로 하며 집으로 돌아갔다.

"정수학 선생님은 수학의 신이야. 그러지 않고서는 어떻게 수학을 저토록 명쾌하게 설명할 수 있냐 말이지!"

"내 말이! 선생님처럼만 수학을 가르쳐 준다면 수학을 완전히 사랑할 수 있을 텐데…… 정수학 선생님을 일찍 만나지 못한 것이 제일 안타까운 거 같아."

"나도 수학은 완전 포기 상태잖아. 아직도 정수학 선생님을 만나지 못한 많은 불쌍한 사람들이 하루속히 정수학 선생님을 만나 수학을 포기하지 않았으면 하는 바람이야."

"나도 네 말에 완전 공감이야."

두 사람은 수학 수업이 끝나자마자 정수학 선생님에 대한 이야기를 나누기에 바빴다. 침이 마르도록 정수학 선생님을 칭찬하고도 모자랐는지 수업 후에는 곧바로 정수학 선생님을 찾아갔다.

"선생님! 오늘 수업도 굿이었어요."

"선생님 수업은 어쩜 그렇게 재미나면서도 핵심을 하나도 안 비켜 가요? 역시 실력이 왕입니다요."

"녀석들, 매일 내 수업을 들으면서도 늘 그렇게 재미있니?"

"당연하죠."

지호와 유린이가 약속이라도 한 듯 대답했다.

"역시 너희들은 명강의를 들을 줄 아는 안목을 가졌어. 그러니까 내 제자로 들어왔지."

"우리가 눈이 좀 높긴 해요. 눈 높은 우리 눈에 든 선생님이 운이 좋으신 건가? 하하하."

"짜식, 역시 자기 잘난 맛을 아는 넌 내 제자가 될 자격이 충분하다니깐."

"오 마이 갓, 선생님도 지호도 정말 못 말리겠어요. 까르륵."

정수학 선생님은 수학을 잘 가르치는 것은 물론이고 인간성 또한 참 좋은 사람이었다. 그래서 항상 수업이 끝나고 나면 선생님 책상에는 아이들로 바글거렸다. 지호와 유린이도 그중 하나였다. 아이들은 수업이 끝나기 무섭게 선생님께 모르는 문제를 들고 오는가 하면, 선생님의 관심을 끌기 위해 선생님 책상에 와서 재잘재잘 이야기 보따리를 늘어놓곤 했다. 그럴 때마다 아이들과 코드가 잘 맞는 정수학 선생님은 개그맨보다 더 유창한 말솜씨로 아이들을 재미있게 해 주었다.

"선생님, 어제 제가 말한 그 프로그램 보셨어요?"

"당연하지! 근데 그거 네 수준엔 좀 낮지 않니? 딱 내 수준이던걸."

"으하하하, 그러면 선생님이 저보다 수준이 낮단 말이에요?"

"에구머니, 들통 나 버렸네. 이건 비밀인데 내가 수학을 가르칠 땐 내가 아닌 거야. 그분이 내게로 오시는 거지."

"역시, 그 프로그램을 활용할 줄도 알고 선생님 재치는 죽여 줘요."

아이들은 선생님과 이야기하고 있노라면 시간이 어떻게 흐르는지도 몰랐다. 쉬는 시간 동안 선생님과 이야기를 즐기던 아이들은 선생님의 수업만 시작되면 더 힘을 내서 수업에 열중했다. 그건 정수학 선생님의 수학 수업이 재미있을 뿐 아니라 아이들 사이에서는 너무 유명해서 한 순간 한 순간을 놓치기가 힘들 정도였다.

"정수학 선생님은 도무지 당해 낼 수가 없어. 곁에서 보면 늘 아이들과 이야기하고 장난만 치는 것 같은데 아이들이 저 반만 들어갔다 하면 성적이 쑥쑥 올라 나오는 건 무슨 영문인지……."

"그러게 말이에요. 수업 내내 아이들 웃는 소리만 들려서 저 반은 수업을 하긴 하나 싶을 정도인데 성적이 나오는 걸 보면 늘 최고란 말이죠."

정수학 선생님이 수업 중인 반을 지나면서 동료 선생님들이 한마디씩 했다. 교실에서는 정수학 선생님이 각종 도구와 그림을 이용하여 눈에 보이는 수학을 아이들에게 가르쳐 주고 있었다.

사실 자세히 살펴보면 정수학 선생님의 가르침은 독특한 점이 하나 둘이 아니었다. 다른 사람들이 보면 정수학 선생님이 매일 놀기만 하는 것처럼 보일지 모르지만 선생님은 퇴근 후 집에 가면 어떤 방법으로 아이들을 가르쳐야 재미있을지를 늘 고민하며 밤을 지새우곤 했다.

"요즘 아이들은 워낙 똑똑해서 예전처럼 얼렁뚱땅 식으로 가르치면 좀처럼 흥미를 끌 수가 없단 말이지. 아이들이 수학을 좀 더 재미있고 가깝게 느낄 수 있는 또 다른 방법이 분명히 있을 거야."

이렇게 선생님이 연구에 연구를 거듭하자 아이들에게 수학을 재미있게 가르칠 수 있는 방법들이 하나 둘씩 나타나기 시작했다. 정수학 선생님은 수업을 시작하면 제일 먼저 교과서를 덮게 했다. 아이들은 교과서를 덮은 후 정수학 선생님이 준비해 온 영상 자료를 보면서 그동안 알지 못했던 수학적 원리에 대해 보다 쉽게 이해할 수 있게 되었다. 이런 과정을 통해서 같은 분단에 앉은 친구들끼리 토론도 하고 선생님의 재미있는 설명까지 더해지면서 수업은 더욱 더 화기애애해졌다.

"선생님, 우리 조는 이 문제가 잘 안 풀리는데요."

"녀석들, 열심히 안 들은 모양이네. 흑흑, 난 밤새워 준비했는데."

"그런 의미로 얘기한 게 아니라는 걸 아시면서."

"나도 농담 한번 해 봤어. 근데 이 과정을 잘 모르겠다고?"

"네!"

"그래, 그럼 다같이 차근차근 풀어 보도록 할까?"

정수학 선생님은 아이들에게 단 한 번도 얼굴을 찡그리는 법이 없었다. 그러다 보니 아이들은 질문이 있을 때면 절대 주저하는 기색 없이 정수학 선생님에게로 달려가곤 했다. 이런 방식이다 보니 정수학 선생님에게 가르침을 받은 아이치고 성적이 오르지 않는 학생이 없었다. 아이들은 숙제를 내주지 않아도 스스로 정리하고 복습하는 습관을 자연스럽게 가지게 되었다.

"오늘, 정수학 선생님 수업 시간에 했던 문제 있잖아. 나 그거 한 번 더 풀어 볼까 봐. 이해가 잘 안 되네."

"그래? 난 아까 다시 풀어 보면서 이해가 되던걸. 넌 뭘 모르겠는데?"

"아무래도 계산 과정에 내가 좀 덜 익숙한가 봐, 오늘 좀 더 연습하고 정리해 보고도 안 되면 선생님께 다시 여쭤 봐야겠어."

장난치고 놀던 아이들도 수학 문제만 보면 무척 진지해졌다. 확실히 정수학 선생님의 수학 교육법은 효과적인 것 같았다. '항상 재미나게 공부하자'를 목표로 수학을 가르치는 정수학 선생님은 학년이 올라감에 따라 아이들에게 더 많은 공부량이 필요하다는 걸 알았다.

"재미도 좋지만, 아이들이 더 많은 것을 알고 탐구해 나갔으면 좋겠는데…… 뭐 좋은 수가 없을까?"

정수학 선생님은 다시 이 문제를 놓고 고민하기 시작했다. 그러던 어느 날 정수학 선생님은 수학에 대한 아이들의 태도가 자신이 생각했던 것 이상으로 진지하다는 것을 알게 되었다.

"우아! 수학 시간이다!"

"앗싸, 오늘은 또 뭘 배울지 완전 기대 되는걸."

수학 수업이 시작되기 전 교실은 항상 흥분으로 가득 찼었다. 하루는 정수학 선생님이 수업 시간보다 일찍 교실에 들어와 아이들과 함께 놀며 교실을 두리번거리고 있었다. 그때 정수학 선생님의 눈에 들어온 노트 한 뭉치가 있었다. 아이들은 저마다 자기만의 수학 노트를 만들어 풀고 있었다.

"너희들 이거 언제부터 했어? 우아! 감동 백만 배인데."

"선생님은 그것도 몰랐어요? 저희가 '수학을 사랑하는 사람들의 모임' 회원이잖아요."

"선생님은 너희들이 이렇게까지 열심히 수학 공부를 할 줄은 상상도 못했지 뭐니."

아이들의 의외의 모습에 선생님은 마음이 따뜻해져 왔다.

"선생님 생각에는 이제 너희들도 한 학년씩 올라가게 될 테니까 지금보다 더 많이 공부를 해야 할 것 같구나."

"이미 저희도 감 잡았어요."

"수학에 대한 너희들의 애정이 이렇게 깊은 줄 몰라서 내가 쉽게 이야기를 못 꺼냈는데, 오늘부터 문제를 좀 더 많이 풀어 보면 어떨까 싶구나."

"오우, 선생님 역시 센스 있으시다. 우리도 선생님한테 문제 좀 더 달라고 부탁하려던 참이었어요."

아이들은 일 초의 고민도 없이 수학 문제를 풀어 오겠다고 했다. 그렇게 해서 정수학 선생님이 처음으로 낸 문제는 자판기 커피 센서와 관련된 '경우의 수'에 관한 문제였다.

'자판기 커피를 뽑는 데 200달란이 드는데, 100달란, 50달란, 10달란짜리 동전만 사용해야 한다. 자판기는 무게로 동전을 인식한다. 그렇다면 필요한 센서는 모두 몇 종류인가?' 라는 문제였다. 아이들은 처음 이 문제를 받아들고서는 왜 이렇게 시시한 문제를 내느냐고 생각했다. 하지만 의외로 문제는 쉽게 풀리지 않았다. 문제의 답이 궁금해진 아이들은 다음 날 당장 선생님을 찾아갔다. 그런데 선생님은 뜻밖에 출장을 가고 없으셨다. 선생님이 출장을 간 사이를 참을 수 없었던 아이들은 이 문제를 수학법정에 의뢰해 보기로 했다.

세 종류의 동전으로 만드는 모든 경우의 수는
큰 동전을 중심으로 따지면 쉽게 구할 수 있습니다.

한 잔에 200달란인 자판기 커피에서 100달란, 50달란, 10달란짜리 동전만 사용해야 합니다. 동전을 사용하는 서로 다른 경우는 모두 몇 가지일까요?

수학법정에서 알아봅시다.

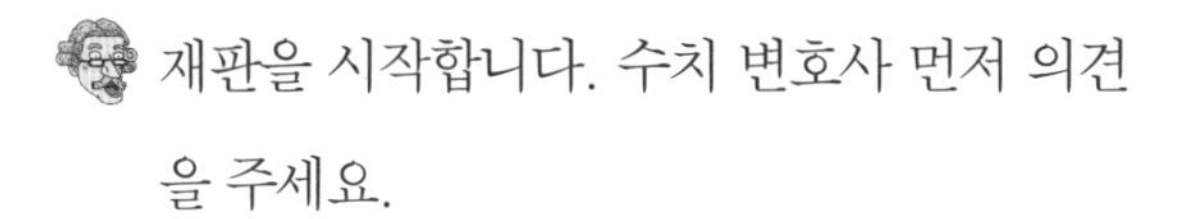

재판을 시작합니다. 수치 변호사 먼저 의견을 주세요.

요즘 누가 10달란짜리 동전을 들고 다닙니까? 주로 100달란짜리 동전을 들고 다니지요. 그러니까 대부분의 사람들은 100달란짜리 동전 두 개를 넣어 커피를 뽑아 먹습니다. 그러므로 대부분의 경우 한 가지 종류가 된다고 볼 수 있습니다.

전혀 논리라곤 없군요! 그럼 매쓰 변호사 의견 주세요.

이런 문제는 200달란을 세 종류의 동전으로 만드는 모든 경우를 빠짐없이 헤아려야 합니다. 예를 들어 100달란짜리 두 개를 넣어도 200달란이지만 10달란짜리 동전 20개를 넣어도 역시 200달란이 되니까요.

어떻게 빠짐없이 헤아리죠? 대충 헤아리다간 뭔가를 빠뜨릴 것 같은데…….

맞습니다. 이 경우에는 우선 액수가 큰 동전을 중심으로 따지면 됩니다. 즉 사용할 수 있는 100달란짜리 동전의 종류는 0개, 1개, 2개의 세 종류뿐입니다. 그 각각에 대해 50달란짜리 동전을 사용하는 경우의 수 그리고 10달란짜리 동전을 사용하는 경우의 수 등을 따지면 한 경우도 빠뜨리지 않고 헤아릴 수 있습니다.

그럼 몇 가지가 나오죠?

총 9가지입니다.

그 모든 경우를 보여 줄 수 있나요?

간단합니다. 다음과 같이 표로 만들 수 있습니다.

100달란짜리 동전의 사용 개수	50달란짜리 동전의 사용 개수	10달란짜리 동전의 사용 개수
2	0	0
1	2	0
1	1	5
1	0	10
0	4	0
0	3	5
0	2	10
0	1	15
0	0	20

 정말 9가지 경우가 생기는군요. 역시 매쓰 변호사는 우리 수학법정의 짱입니다. 그럼 판결은 내릴 필요조차 없네요. 매쓰 변호사가 정답을 제시해 주었으니 말입니다.

1,000원짜리 3장, 500원짜리 3개, 100원짜리 3개로 지불할 수 있는 금액의 종류

1,000원짜리 3장을 500원짜리로 바꾸면 6장이 됩니다. 그럼 이제 500원짜리 9개와 100원짜리 3개로 만들 수 있는 금액을 찾으면 되겠지요? 500원짜리를 0개, 1개, 2개…… 9개로 낼 수 있으니까 500원짜리를 내는 방법의 수는 10가지입니다. 100원짜리를 0개, 1개, 2개, 3개를 낼 수 있으니까 100원짜리를 내는 방법의 수는 4가지인 것이죠. 따라서 지불 금액의 가지 수는 $10 \times 4 - 1 = 39$(가지)입니다.

100원짜리로 모두 바꾸면 48개이니까 지불 금액은 48가지가 되잖아요? 그렇게 생각하기 쉽죠. 근데 100원짜리가 48개일 때는 900원이나 1,900원을 지불할 수 있지만 1,000원짜리 3장, 500원짜리 3개, 100원짜리 3개로는 이 금액을 만들 수가 없습니다.

여기서 1,000원짜리를 500원짜리 두 개로 바꿀 수 있는 건 500원짜리가 3개이니까 500원 2개로 1,000원을 항상 만들 수 있기 때문인 것이죠.

마을을 도는 길은 몇 가지?

세 마을을 모두 거쳐 가는 길은
몇 가지나 될까요?

"우리 마을은 말이지, 사람들의 목이 어찌나 가느다랗고 예쁜지 사람들이 우리 마을을 기린 마을이라고 할 정도라고!"

"나도 기린 마을에 대해서는 익히 들어서 알고 있다네. 그 마을 사람들 목이 그렇게 예쁘다면서? 근데 우리 마을 사람들 눈도 만만치가 않아. 눈이 어찌나 깊고 아름다운지 우리 마을을 사슴 마을이라 부르는 건 알지?"

"아, 당연하지. 두 마을 이장님들은 좋겠어. 우리 마을 사람들은 인물은 그렇게 뛰어나진 않지만 재주들이 참 좋아. 오죽하면 사람들이 우리 마을을 원숭이 마을이라고 했겠어."

기린 마을, 사슴 마을, 원숭이 마을은 서로 가까운 곳에 위치해 있었다. 세 마을 이장님들이 모이면 서로 자기네 마을 자랑에 정신이 없었다. 서로를 치켜세워 주는 것 같았지만 자세히 들어 보면 결국 자기 마을이 최고라는 식이었다.

"아, 지난번에 물난리 났을 때, 우리 기린 마을에서 최고로 목이 긴 최길어 씨가 아니었으면 물에 떠내려갈 뻔했던 사슴 마을 나살려 씨를 보기나 했게요."

"그렇죠, 발견은 기린 마을 분께서 하셨지요. 그런데 결국 사슴 마을 사람을 구한 사람은 우리 원숭이 마을 사람이었지요. 우리 마을 장원 씨가 통나무를 가져다가 재빨리 통통배를 만들어 사슴 마을의 나살려 씨를 구했잖아요."

"두 마을 모두 정말 재주 있는 사람들을 두셨군요. 근데 우리 나살려 씨의 호소력 있는 눈길이 아니었다면 기린 마을 최길어 씨도 나살려 씨를 지나쳤을 거예요. 하하하."

세 마을 이장님들의 말들은 유치하기 짝이 없었지만, 이들이 나누는 이야기 방식은 늘 이랬다. 세 마을은 오래전부터 가까이에 붙어 있으면서 서로 돕고 살았다. 하지만 서로가 서로에 대해 시기심도 있었다. 그것이 자극이 되어 자신의 마을 꾸미기에도 상당히 열을 올리고 있었다.

어느 날은 기린 마을 서 이장이 마을 정화를 위해 플라타너스를 심기로 하고는 플라타너스를 사기 위해 시내의 큰 나무를 파는 가게로 가고 있었다.

"원숭이 마을이나 사슴 마을보다 우리 마을이 더 튀어야 해. 요즘은 환경 문제도 있고 하니 환경 정화를 위해 플라타너스 나무를 심어 봐야겠어. 우리같이 목이 시원하게 쭉쭉 뻗은 사람들에겐 플라타너스가 제격이지. 암."

나무 가게에 들른 서 이장은 가장 길고 튼튼한 나무를 골랐다.

"이건 우리 기린 마을의 품격에 맞게 제가 고심해서 고른 나무거든요. 좀 조심해서 잘 배달해 주세요."

"당연하죠. 사람들이 품위 있기로 소문난 기린 마을인데 잘해 드려야죠."

주문을 마치고 돌아가던 기린 마을 서 이장은 원숭이 마을 허 이장을 만났다.

"서 이장, 어디 가십니까?"

"그냥, 뭐 드라이브나 좀 하려고요."

"그래요? 근데 저 뒤에 따라오는 큰 나무는 뭐죠?"

"그…… 글쎄, 나도 잘 모르겠어요. 난 좀 바빠서 이만."

혹시나 원숭이 마을 허 이장이 기린 마을을 따라할까 걱정이 된 서 이장은 바쁘다는 핑계를 대며 그 지리를 얼른 피해 달아났다. 다음 날 서 이장네 기린 마을에는 어제 본 플라타너스 나무가 늠름하게 서 있었다.

"아니, 어제는 모른다고 하더니 이게 뭔가? 자기 마을에 심을 거라 하면 우리가 뭐 못 심게 할 것도 아닌데. 완전 치사 뽕이야."

화가 난 원숭이 마을 허 이장이 화를 삭이지 못해 식식거리고 있었다.

"이런 식으로 경쟁심을 자극하면 기린 마을도 좋지 않아. 나도 다 수가 있지!"

원숭이 마을 허 이장은 기린 마을보다 더 예쁜 마을을 만들기 위해 밤을 새워가며 머리를 짜내고 있었다. 그러다가 혼자 힘으로는 안 되겠다 싶은지 다음 날 허 이장은 마을 회의를 소집했다.

"여러분, 우리 마을도 좀 더 예쁘고 살기 좋은 마을로 거듭나기 위한 노력이 필요할 것 같아요. 어디 좋은 의견 없을까요?"

"우리 마을의 특징은 손재주가 좋다는 거잖아요."

"맞아요. 다른 마을과 비교했을 때 우리 마을의 손재주를 따라올 이들은 드물다고 봐야죠."

"그럼 우리들이 만든 장승을 마을에 세워 두면 어떨까요?"

원숭이 마을 사람들은 이장님의 제안을 듣고 여기저기서 술렁이기 시작했다. 그러더니 곧이어 찬성의 소리가 나왔다.

"그거 좋겠어요. 우리 마을의 특성도 살리고 마을도 예쁘게 꾸밀 수 있고요."

"또 하나 생각났어요. 환경을 생각하지 않을 수 없잖아요. 거리마다 특색 있는 쓰레기통을 만들어 두는 게 어떨까요?"

"정말 좋은 생각이에요. 특색 있는 쓰레기통이 우리 마을의 마스코트가 된다면 금상첨화겠죠."

이렇게 해서 모아진 사람들의 의견은 곧 실행에 옮겨졌다. 원숭이 마을에서 심상치 않은 조짐이 보이자 옆 마을인 사슴 마을에서까지 원숭이 마을을 방문했다.

"원숭이 마을이 좀 바쁜가 봐요. 뭔가를 준비한다는 소문이 있던데요."

"아휴, 그런게 어디 있겠어요? 매일 하는 마을 회의를 하는 것뿐입니다."

원숭이 마을 이장은 기린 마을 이장이 자신에게 그랬던 것처럼 시치미를 떼고 있었다. 이미 수상한 기운을 감지하고 왔던 사슴 마을 유 이장은 원숭이 마을 이장의 시치미에 낌새를 챘다.

'쳇, 뭘 준비하는지 알려 주면 우리 마을이 시기라도 할까 봐서? 다들 왜 이러지? 정말 치사하네! 우리 마을도 오늘부터 준비 들어간다고!'

기린 마을의 늘씬한 플라타너스에 기가 죽은 유 이장은 원숭이 마을에만은 질 수 없다는 생각이었다. 유 이장은 사슴 마을로 돌아가는 길로 곧바로 마을 회의를 소집했다.

"원숭이 마을과 기린 마을이 다들 자기 마을 미화를 위해 오랫동안 뭔가를 준비해 왔나 봐요. 오늘 원숭이 마을에 살짝 다녀왔는데 꽁꽁 숨겨 두고 이야길 안 해 주네요. 우리도 뭘 준비해야 할 것 같아요.”

“저도 봤어요. 기린 마을은 이미 늘씬한 플라타너스를 사방에 심었더라고요. 근데 이전보다 마을이 훨씬 보기 좋았어요.”

“그러니까, 우리 마을도 이대로 있을 순 없을 것 같아요.”

“그럼, 우린 마을에는 꽃을 심어 보는 게 어떨까요?”

“어떤 식으로요?”

“우리 마을에 들어섰을 때 다른 마을에선 느낄 수 없는 향기를 심어 주는 거예요. 그럼 다른 마을과 차별화될 수도 있고 색다른 마을이 될 거라고 생각해요.”

사람들은 이 의견에 모두 동의했다. 사슴 마을 사람들은 자기들이 제일 늦게 마을 꾸미기에 나선 것 같아 마음이 바빴다. 그래서 의견이 나오자마자 곧바로 행동에 들어갔다. 사슴 마을 사람들은 어떤 꽃을 어떤 모양으로 심을지에 대해 구상하느라 그날 밤을 꼴딱 새웠다.

이렇듯 세 마을의 경쟁심으로 인해 세 마을은 매해 예전보다 아름다운 마을로 거듭나게 되었다. 마을이 차례로 예뻐지기 시작한 처음에는 관광객들이 특정 마을에만 집중하는 경향이 있었다. 그런데 마을들이 서로 가깝다 보니 한 마을을 구경한 관광객들은 다른 마을에도 가고 싶어 했다. 더구나 특색 있는 세 마을이 옹기종기 모여 있다 보니 사람들의 입 소문을 타기가 더 쉬웠다. 시간이 갈수록 세 마을은 하나의 관광 단지처럼 주변에 홍보되고 있었다. 이렇게 되자 세 마을 이장들이 다시 모임을 가질 수밖에 없었다. 서로의 이익을 위해서는 세 마을 모두 관광 코스로 발전시킬 필요가 있기 때문이었다.

"우리가 의도하지는 않았지만, 사람들이 우리 세 마을을 모두 선택해서 관광할 수 있는 프로그램을 원하니, 서로 의논을 해 봅시다."

"그렇지 않아도 한 번 세 마을 이장들이 모두 모여야 한다고 생각하던 참이었어요. 대중의 요구가 있으니 그쪽을 따르는 것이 우리 세 마을에도 이익일 것 같군요."

원숭이 마을 이장과 기린 마을 이장이 먼저 말문을 열었다.

"그럼 어차피 사람들이 이동할 때 차량을 이용하니까 우리 쪽에서 도시 여행 투어 버스를 대여하는 것이 좋지 않을까요?"

사슴 마을 이장의 의견에 원숭이 마을 이장과 기린 마을 이장도 고개를 끄덕였다. 그런데 문제는 버스 노선을 정하는 데서 일어났다. 기린 마을에서 원숭이 마을로 가는 길이 3가지 있었고, 원숭이 마을에서 사슴 마을까지 가는 길이 4가지였다. 각 길은 모두 특색 있고 아름다웠음은 두말할 것도 없었다. 한데 세 마을 이장들은 서로 자기 마을에 버스가 더 많이 와야 한다고 고집을 부렸다. 이렇게 한참 실갱이를 벌이다가 세 사람은 이 문제를 수학법정에 의뢰하기로 했다.

두 사건이 일어나는 경우가 각각 m과 n이면
두 사건이 동시에 일어나는 경우의 수는 m×n이 됩니다.

기린 마을에서 원숭이 마을을 거쳐 사슴 마을까지 가는 길은 모두 몇 가지일까요?
수학법정에서 알아봅시다.

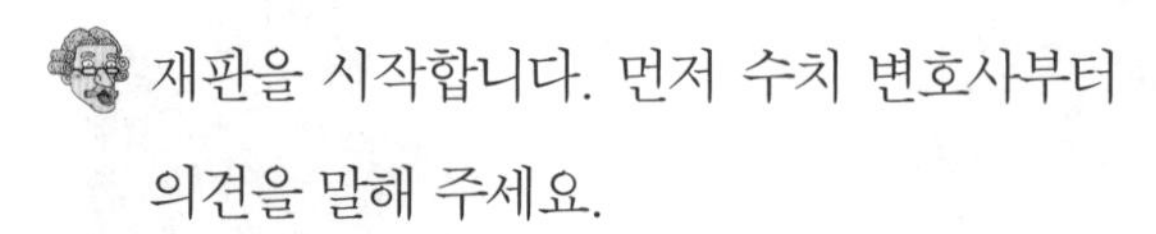

재판을 시작합니다. 먼저 수치 변호사부터 의견을 말해 주세요.

기린 마을에서 원숭이 마을로 가는 길이 3가지니까 가는 방법은 3가지이고, 원숭이 마을에서 사슴 마을까지 가는 길이 4가지이니까 서로 다른 길을 가는 방법은 4가지가 됩니다. 그럼 3+4=7이니까 7가지 아닌가요?

글쎄요. 그럼 매쓰 변호사 의견을 말해 주세요.

저는 생각이 좀 달라요.

어떻게 다르죠?

이 문제는 두 경우의 수를 단순히 더하는 것이 아니라고 봅니다.

더하지 않으면 빼 줘야 하나요?

그것도 아닙니다.

그럼 나눠야 하나요?

그것도 아닙니다.

가만, 그럼 뭐가 남지?

곱하기가 있지 않습니까?

아하, 그렇군요!

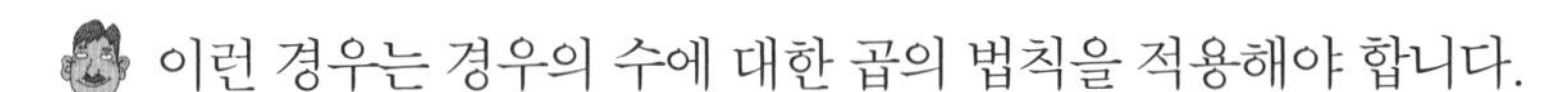

이런 경우는 경우의 수에 대한 곱의 법칙을 적용해야 합니다.

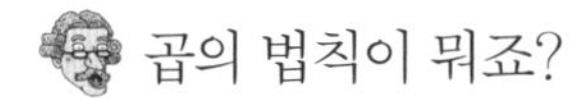

곱의 법칙이 뭐죠?

사건 A가 일어나는 경우의 수가 각각 m가지이고 그 각각에 대해 B가 일어나는 경우의 수가 n가지이면 A가 일어나고 동시에 B가 일어나는 경우의 수는 m×n가지라는 것이 경우의 수에 대한 곱의 법칙입니다. 이 경우 기린 마을에서 원숭이 마을로 가는 길 하나에 대해 원숭이 마을에서 사슴 마을까지 가는 길이 4가지가 대응되므로 모든 가능한 길의 개수는 3×4=12(가지)가 되어야 하지요.

그렇군요. 그렇다면 세 마을에 문제가 생기지 않으려면 세 마을을 지나가는 가능한 모든 경우의 수인 12개의 노선을 만들도록 하세요. 이상으로 재판을 마칩니다.

길 찾기 문제

A에서 B까지 가는 데 있어 P 또는 Q 지점을 거쳐 가고 그 지점들 사이의 길은 다음과 같습니다.

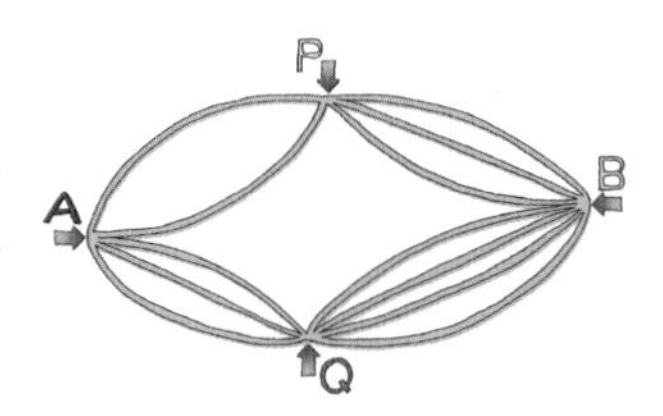

이때 A, B를 왕복하는 데 P를 오직 한 번만 거쳐 가는 길잡이 수는 몇 가지일까요?
P를 한 번만 거쳐 가니까, 갈 때 P 쪽으로 가면 올 때는 Q 쪽으로 오고, 갈 때 Q 쪽으로 가면 올 때는 P 쪽으로 와야 합니다. 그러니까 다음과 같은 두 경우의 합의 법칙입니다.
① A→P→B→Q→A ② A→Q→B→Q→P→A
①의 경우의 수를 보면 2×3×4×3=72가지
②의 경우의 수는 3×4×3×2=72가지
①, ②가 동시에 일어날 수 없으므로 전체 경우의 수는 72+72=144(가지)입니다.

두 달 동안 다른 식단

유미각과 하맛나는 어떻게 60일 동안
서로 다른 음식을 먹을 수 있을까요?

"오늘 시험 보느라 완전 녹다운이야."

"시험 기간이면 전쟁이 따로 없다니까."

"이런 날은 집에 가서 목욕하고 자는 게 최고인데."

"내일까지만 시험 보면 되니까 열심히 공부하고 시험 끝나면 잠이나 실컷 자야겠다. 으흣."

유미각과 하맛나는 며칠째 계속되는 시험에 지쳐 있었다. 이 학교는 세 과목씩 나누어서 시험을 치르는데, 배우는 과목이 많아지면서 시험 날짜도 늘어나고 있었다. 처음에는 시험을 며칠에 걸쳐 치른다는 것 때문에 은근히 시험 성적이 더 오를 거라고 생각했다.

그런데 성적은 생각만큼 쉽게 오르지 않았다. 시험 공부를 할 시간이 많아진 장점도 있었지만 시험 기간이 늘어난 만큼 부담도 늘고 있었다.

"예전이 더 좋았어. 하루하루 시험을 치를 때마다 온몸에 탈이 나는 것 같아."

"맞아. 나도 정말 피곤해. 시험 날짜가 늘어나므로 그 전날 공부할 시간도 많아지니까 좋다고 생각했는데, 더 지치는 것 같아."

"나도 그래. 매일매일 공부만 빡세게 해서 그런지 너무 지쳤어."

마지막 시험을 앞두고 이제 거의 지쳐 버린 유미각과 하맛나는 길어진 시험 기간에 대해 불평 아닌 불평을 하고 있었다.

"근데, 맛나야, 넌 시험 끝나면 제일 먼저 뭘 하고 싶니?"

"난 좀 자고 싶어. 갑자기 벼락치기로 시험 공부를 했더니 눈이 뱅글뱅글 도는 것 같아."

"그래, 내가 보기에도 네 상태가 좀 안 좋아 보이긴 해."

미각이가 맛나에게 손가락을 찍어 맛보는 시늉을 내며 장난을 쳤다.

"미각 씨 당신도 장난 아니게 상태가 안 좋아 보여요."

시험 공부 하느라 지친 서로의 모습을 보고 맛나와 미각이는 피식 웃음이 났다.

"하하하, 허허허."

"정말 우리 시험 때문에 이게 뭐니, 피부 관리도 좀 들어가야 하는데 말이야."

"그러게, 며칠 사이에 까칠해진 이 피부 좀 봐. 공부한다고 앉아만 있었더니 나의 에스라인 몸매가 도무지 잡히질 않고 있어."

"하긴, 너 요 며칠 사이에 몸이 좀 불긴 했다, 하하하."

"그런 네 피부도 만만치 않거든!"

두 사람은 시험 생각에서 잠시 벗어나 거울을 보며 자신들의 모습을 살피고 있었다. 한참 동안 거울을 보던 두 사람은 갑자기 내일이 시험이라는 생각이 떠올랐다.

"맛나, 그런데 지금 우리가 여기서 뭘 하고 있는 거지?"

"내일이 시험인데 우리도 참…… 역시 우린 공부와는 거리가 있는가 보다, 후훗."

"아니지, 우리의 미모가 너무 뛰어났던 거지. 내일 우리가 시험이 있다는 걸 까먹게 할 만큼."

"아무튼, 넌 못 말리겠어."

두 사람은 공부할 것을 챙겨서 각자의 기숙사 방으로 들어갈 준비를 했다.

"그나저나 오늘 시험은 완전히 망쳐서 내일은 진짜 잘 봐야 하는데, 왜 이렇게 책이 보기 싫지?"

"나라고 그렇지 않겠냐. 오늘 과학 시험 제대로 번개 맞았으니 내일 시험은 정말 잘 봐야겠어. 근데 마지막 날이라 공부하기가 더 싫어지네."

맛나와 미각이는 방으로 들어가서 공부를 해야 했지만, 내일이 마지막 시험이라 생각하니 왠지 공부하기가 더 싫어졌다. 하지만 억지로 각자의 방으로 들어간 두 사람은 공부를 시작한 지 10분도 지나지 않아 딴전을 부리기 시작했다. 책에서 눈을 떼고 책상 앞에 있던 거울을 만지작거리던 미각이는 이마에 난 여드름을 보고 호들갑을 떨었다.

"어머, 이 여드름 좀 봐. 역시 시험은 스트레스라니까. 백옥 같던 내 피부에 어디 여드름이 접근하리라고 생각이나 했겠어!"

여드름을 본 미각이는 곧장 맛나에게 문자를 보내기 시작했다.

미각이의 보드라운 피부에 정체 모를 여드름이 발각됨.

맛나는 10분 동안 책을 보다가 그새 잠이 들어 있었다. 문자 소리에 깜짝 놀라 잠이 깬 맛나는 허겁지겁 문자를 보았다.

크크크, 역시 너랑 나랑은 공부하는 게 힘든가 봐. 어떻게 공부시간을 10분을 못 넘기니?

맛나의 문자를 보자 미각이는 피식 웃음이 났다. 당장 내일이 시험인데도 책상 앞에서 집중 못하는 자신들의 모습이 너무 웃겼다.

너 때문에 잠이 다 깼잖아. 그리고 시험 전부터 너는 뾰루지가 났었어. 시험 탓하긴. 푸하하하.

맛나가 답 문자를 보낸 지 채 1분도 되지 않아 미각이에게서 곧바로 답문이 왔다.

참고로 나 며칠 전에 찍어 둔 셀카 사진이 있거든. 내 피부는 분명 시험 때문이야. 근데 너 그새를 못 참고 잠들었니? 누가 보면 시험 공부 너 혼자 다 한 줄 알겠다.

이렇게 두 사람은 공부하러 들어간 후 딱 10분 후부터 문자를 주고받기 시작해 거의 1시간을 보내고 있었다. 그렇게 1시간 동안이나 문자를 날린 두 사람은 배가 고프기 시작했다.

맛나, 배고프지 않아?

그러게, 우리는 어떻게 된 게 공부도 안 하면서 배는 자주 고프니? 이게 대체 뭔지.

그럼 우리 밥이나 좀 먹고 할까?

그게 좋을 것 같아. 그럼 밥 먹고 이번엔 진짜로 공부하자.

한참을 문자로 놀던 두 사람은 기숙사 문 앞에서 만나 기숙사 식당으로 밥을 먹으러 갔다.

"미각아, 우리 그냥 아까 그대로 기숙사에서 이야기하고 좀 쉴 걸 그랬다. 괜히 공부하러 들어갔다가 문자만 주고받고, 이게 뭐니?"

"빨리 문자 끝내고 공부해야지 하고 앉아 있다가 시간만 보냈지 뭐야. 우린 정말 못 말려."

두 사람은 기숙사 식당으로 향했다. 배가 고팠던 터라 둘의 발걸음은 점점 빨라지고 있었다.

"미각이 너, 밥 먹는다니까 이렇게 빨리 걸을 수도 있는 거야? 완전 웃긴다, 너."

"사돈 남 말 하시네. 너야말로 100미터 달리기를 하면 우리 반에서 늘 꼴찌잖아. 하지만 넌 밥 앞에서는 늘 초초초 울트라 특급 스피드야."

장난기 가득한 두 사람은 마치 경주를 하듯 서로를 밀치면서 먼저 식당에 도착하기 위해 점점 속력을 냈다.

"어쭈, 제법인데? 하맛나 네가 날 앞질렀다 이거지?"

"그래, 어쩔래? 따라올 테면 따라와 봐."

"알았어! 따라갈 테니 기다려!"

두 사람은 앞서거니 뒤서거니 하면서 기숙사 옆에 붙어 있는 식당으로 달려갔다.

"헉헉…… 아, 숨차다. 바로 옆에 있는 데도 달려와서 그런지 숨이 차네."

"헉헉…… 내 말이. 우리 체력이 바닥난 거야. 시험에 너무 집중했던 거지. 음하하."

"핑계 하나는 죽여 주네. 공부도 제대로 안 했으면서, 쳇."

"아냐, 공부를 많이 해야만 맛인가, 시험 보는 그 자체만으로 체력을 소모시키는 거지."

"맛나, 역시 넌 못 말리겠어. 내가 아는 친구 중에 네가 제일 웃겨."

두 사람은 기숙사 식당에 도착하자 밥을 먹기 위해 줄을 섰다. 그런데 생각보다 사람이 별로 없어서 줄이 길지 않았다.

"여기 줄이 왜 이렇게 짧아졌지?"

"며칠 전부터 사람들이 여기 음식이 매번 거의 똑같다면서 맛없다고들 잘 안 오고 있어."

"그래?"

이야기를 주고받는 동안 두 사람 차례가 되어 얼른 밥을 받았다. 식사를 받아 든 두 사람도 식단을 유심히 살펴보았다.

"그래, 식단이 너무 비슷한 것 같아. 살짝 기분 나빠지려고 하네."

"내 생각도 그래. 근데 여기 두 달 동안은 똑같은 요리 한 번도 안 나온다고 했잖아."

"우리가 두 달 동안의 식단을 거의 기억하지 못하니 알 수가 있어야지."

미각이가 식단을 기억하지 못하니 어쩔 수 없다는 듯이 맛나가 말했다.

"아냐, 이 기숙사 식당이 여기에 들어온 이유가 두 달 동안은 다른 요리만 제공한다는 것이었잖아. 근데 그게 지켜지지 않으면 이 식당도 굳이 기숙사에 있을 이유가 없지 않겠어?"

"글쎄, 그건 그렇지만……."

때마침 기숙사 식당의 전단지를 가지고 있던 맛나가 지갑에서 전단지를 꺼내 들고 있었다.

전채 요리 3종, 메인 5종, 디저트 4종을 두 달 동안 고루 바꾸어 가며 하루도 반복되는 식단이 없는 식당이 되겠습니다.

전단지에는 이렇게 적혀 있었다. 하지만 두 사람은 아무리 생각해도 두 달 동안 겹친 식단이 좀 되는 것만 같은 느낌이 들었다. 과연 두 달 동안 제대로 먹었는지 의심이 든 두 사람은 다음 날 시험을 치른 뒤 수학법정에 이 문제를 의뢰해 보기로 했다.

경우의 수의 곱의 법칙은
세 개 이상의 사건에도 적용됩니다.

두 사람은 두 달 동안 다른 음식을 먹었을까요?

수학법정에서 알아봅시다.

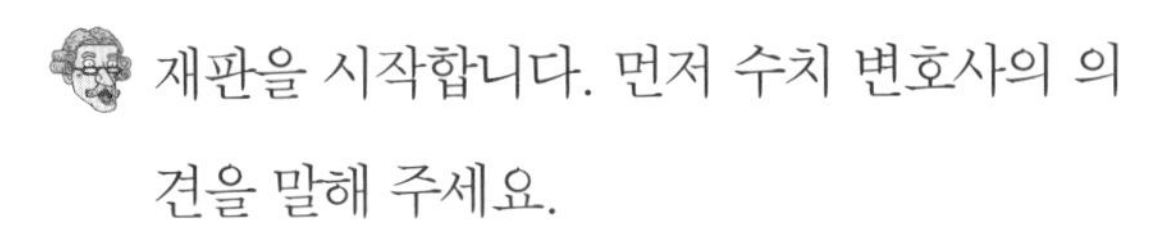

재판을 시작합니다. 먼저 수치 변호사의 의견을 말해 주세요.

식당에서 두 달 동안 준비한 요리는 전채 요리 3종, 메인 5종, 디저트 4종뿐입니다. 그럼 전부 합치면 12종 아닙니까? 그런데 어떻게 12종의 요리로 두 달 동안 서로 다르게 음식을 공급한다는 것이죠? 이건 말이 안 됩니다.

그럼, 매쓰 변호사. 의견을 말해 보세요.

제 생각으로는 두 달 동안 다른 음식을 먹을 수 있다고 생각합니다.

어떤 근거에서죠?

경우의 수의 곱의 법칙은 두 개의 사건뿐 아니라 세 개 이상의 사건에 대해서도 적용됩니다.

그럼 이번 사건이 곱의 법칙과 관계있다는 겁니까?

물론입니다.

어째서죠?

판사님께 셔츠가 빨간색과 파란색 두 종류가 있고 바지는 군용 바지, 청바지, 면바지 세 종류가 있다면 판사님이 서로 다르게 입고 나갈 수 있는 방법은 몇 가지죠?

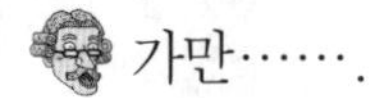

가만…….

빨간색 셔츠에 군용 바지

파란색 셔츠에 군용 바지

빨간색 셔츠에 청바지

파란색 셔츠에 청바지

빨간색 셔츠에 면바지

파란색 셔츠에 면바지

모두 여섯 가지가 되는군!

바로 2×3=6입니다. 이것이 바로 경우의 수의 곱의 법칙입니다. 그런데 이것은 사건이 두 개가 아니라 세 개인 경우도 성립하므로 전채 요리 3종, 메인 5종, 디저트 4종을 고루 바꾸

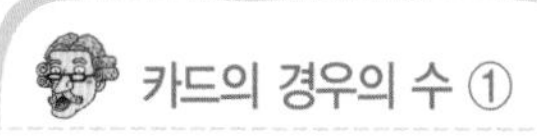

1부터 50까지 적혀 있는 50장의 카드에서 한 장을 뽑을 때 2의 배수 또는 5의 배수가 나오는 경우의 수를 구해 보도록 합시다.

2의 배수가 나오는 경우의 수: 25가지

5의 배수가 나오는 경우의 수: 10가지

2의 배수이면서 5의 배수(10의 배수)가 나오는 경우의 수: 5가지

∴ 25+10−5=30(가지)입니다.

어 가며 만들 수 있는 식단의 종류는 $3 \times 5 \times 4 = 60$(가지)가 되어 두 달 동안 서로 다른 식단을 공급할 수 있습니다.

정말 신기한 일이군요. 아무튼 매쓰 변호사의 변론대로 두 달 동안 다른 식단이 가능하다고 판결하겠습니다. 모두 이 판결에 복종하시길 바랍니다.

알파벳 진료 카드

병원에서 몇 번째로 진료받을 수 있는지
알 수 있는 방법은 무엇일까요?

"우아, 저 사람 좀 봐! 세상에 사람이 저렇게 뚱뚱해도 되는 거야?"

"헉, 진……짜 크다. 저게 사람이야?"

"어머나! 완전 놀라겠다. 살이 어찌나 많은지 얼굴에서 어디가 눈인지도 모르겠는걸."

김미녀 씨를 보는 사람들은 저마다 한마디씩 할 수밖에 없을 정도로 그녀는 뚱뚱한 몸매를 지녔다. 어찌나 뚱뚱했던지 100미터 밖에서 나는 발걸음 소리만 듣고도 그녀라는 걸 알아차릴 정도였다. 김미녀 씨가 한 걸음씩 움직일 때마다 땅이 울리는 것 같았다.

우량아로 태어난 김미녀 씨는 자라면서도 그 몸매를 그대로 유지해 왔고 지금의 집채만 한 몸을 자신도 어찌할 수 없었다. 또한 그녀의 의지로는 절제가 불가능할 정도로 김미녀 씨의 몸은 많은 음식을 원하고 있었다.

"미녀야, 천천히 먹어야지. 그래야 소화도 잘되고 살도 덜 찌는 법이야."

어린 미녀 씨의 몸이 여느 아이들과 다르다는 것을 눈치 채기 시작한 미녀 씨의 어머니는 그녀를 관리해야겠다고 생각했다. 미녀 씨가 적정량을 넘어서 음식을 먹게 될 때면 미녀 씨 어머니는 미녀 씨를 자제시키려고 부단히 노력했다.

"미녀야! 넌 다른 친구들과 다르다고 생각하지 않니? 몸이 원하는 만큼 다 먹는 것은 안 좋은 일이야. 몸이 원한다고 해도 자제하고 조금 덜 먹는 것도 지혜란다."

하지만 이미 먹을거리가 눈에 들어와 버린 미녀 씨의 귀에 어머니의 말이 들릴 리 없었다. 먹느라고 정신이 없는 미녀 씨는 어머니의 말에 대꾸조차 하지 않았다. 그녀의 식욕을 억제하기 위해 어머니 조인내 씨는 안 해 본 일이 없을 정도였다. 하지만 자랄수록 미녀 씨의 식욕은 상상을 넘어서고 있었다. 안 되겠다 싶었던 미녀 씨의 어머니는 미녀 씨를 데리고 병원으로 갔다.

"선생님, 얘는 날 때부터 우량아로 태어났어요."

"제가 보기에도 그런 것 같네요."

"처음에는 저도 대수롭지 않게 여겼어요. 아기 때는 잘 먹는 게 건강하다는 증거이기도 하니까요. 그런데 걸음마를 하고 유치원을 가면서부터 좀 이상하다는 생각이 들었어요. 또래 아이들보다 너무 많이 먹어 대니 저도 어찌 해야 할 바를 모르겠더라고요. 아무리 제가 어르고 달래도 안 되던걸요. 먹을 때는 사람이 옆에 있는지 없는지조차 모를 정도예요."

"저도 사실 좀 놀랐습니다. 의사 생활 20년 동안 이런 학생은 처음 보거든요. 우선 검사부터 해 봅시다."

미녀 씨와 어머니가 병원 문을 들어섰을 때부터 의사 선생님의 얼굴은 놀람으로 가득했다. 놀라는 표정을 짓지 않으려고 혀를 악무는 의사 선생님의 모습이 안쓰러워 보일 정도였다. 선생님은 미녀 씨에게 충격을 주지 않으려고 애를 쓰고 있었다. 몇 시간 동안의 검사를 마치고 돌아오면서도 미녀 씨는 배가 고프다며 어머니를 보챘다.

"병원 가면 맛있는 거 사 준다고 했잖아요."

"미녀야, 아까 의사 선생님 표정 못 봤어? 의사 선생님도 너를 보고 놀라는 거 봤지?"

"아냐, 엄마 보고 놀란 거야. 엄마가 너무 못생겨서 그런 거라고! 나 배고파서 더 이상 못 걷겠어."

병원을 나선 후 피자집 앞에 이른 미녀 씨는 배가 고프다며 피자집 문 앞에 주저앉아 버렸다.

"미녀야, 사람들이 보잖아! 김미녀, 일어나지 못해!"

하지만 누구보다 식탐이 강한 미녀 씨였다. 미녀 씨는 피자집 앞에서 꼼짝도 하지 않았다. 그녀의 고집을 아는 미녀 씨의 어머니는 할 수 없이 피자집으로 들어가서 라지 피자 두 판을 시켜 놓고 미녀 씨가 모두 먹어 치울 때까지 기다려야 했다.

"미녀야, 너 보고 예뻐지라고 엄마가 살을 빼자는 게 아니야. 건강에 무리가 오니까 그러는 거지. 너무 뚱뚱하면 관절에도 무리가 와서 나중에는 걸을 수도 없게 된다고!"

"엄마, 난 아무리 거울을 봐도 내가 뚱뚱하단 생각이 안 들어요. 그런데 왜 자꾸 나보고 뚱뚱하다고 그러는 거죠?"

미녀 씨의 대답에 어머니는 할 말을 잃었다. 도무지 어떻게 설득을 해야 좋을지 막막하기만 했다. 먹는 것이 많으면 먹은 양만큼 운동이라도 하면 되는데, 그것도 아니었다. 미녀 씨는 몸이 너무 뚱뚱했던 터라 몸을 움직이는 것은 더더욱 싫어했다.

며칠 후 미녀 씨와 어머니는 의사 선생님에게 진단 결과를 들으러 갔다.

"미녀 씨는 선천적으로 비만 유전자가 있어요. 그래서 자신의 의지로는 어떻게 할 수 없을 만큼 식욕이 누구보다 왕성하고 또 그걸 채워 줘야 합니다. 이 경우에는 운동을 병행하는 것이 최선입니다."

"약물 치료법도 없나요? 식단이나 이런 건요?"

"제가 미녀 씨만을 위한 식단을 짜서 드릴 겁니다. 하지만 무엇보다 미녀 씨의 결단이 있어야 해요. 정말 먹고 싶을 때는 맛이 없어도 배를 채울 수 있는 것들을 먹어 주려는 노력이 있어야 합니다."

미녀 씨의 어머니는 의사 선생님의 말씀에 따르도록 미녀 씨를 설득해 보기로 하고 무작정 선생님의 처방을 받아 왔다. 하지만 미녀 씨를 설득하기란 그리 쉽지 않았다. 의사 선생님께서 처방해 주신 것은 채소 위주의 식단이었기 때문이다. 고기 위주의 식단을 즐겼던 미녀 씨로서는 맛없는 채소를 먹어야 한다는 게 견딜 수 없는 고통이었다.

"나, 이거 절대 안 먹어! 너무 맛없어. 이게 무슨 음식이야? 쓰레기지!"

미녀 씨는 완강하게 의사 선생님의 식단을 거부하고 있었다. 미녀 씨를 설득하다 지친 어머니도 더 이상은 미녀 씨의 몸에 관해 상관하지 않기로 하고 거의 포기 상태에 접어들었다. 곧 대학생이 되는 미녀 씨의 몸은 너무 비대해져서 상상을 넘어서고 있었다. 더구나 키까지 큰 미녀 씨가 움직일 때면 사람들의 시선도 따라 움직였다. 하지만 미녀 씨는 먹고 싶은 것 하나 더 먹는 게 낫지, 먹고 싶은 것을 억제하면서까지 사람들의 눈총을 피하고 싶지는 않았다.

그러던 어느 날이었다. 그동안 먹을 것에만 사랑에 빠졌던 미녀 씨의 눈에 한 잘생긴 청년이 들어오기 시작했다.

"엄마, 나 오늘 학교에서 진짜 내 스타일인 남학생을 봤어요. 완전 좋아요."

"미녀야, 너 이제 큰일 났다. 남자들은 뚱뚱한 여자를 제일 싫어해. 특히나 우리 딸 같은 큰 몸은 무서워할걸!"

"엄마는 딸한테 그런 소릴 하고 싶어요? 진짜 너무해요!"

엄마의 충고가 귀에 들어오지 않았던 미녀 씨는 잘생긴 청년을 본 그날 이후로 옷도 신경 써서 입었고 나름대로 노력을 기울였다. 학교에 가서는 한 번이라도 그 남학생의 시선을 받기 위해 안간힘을 썼다. 하지만 그 학생의 눈에 미녀 씨는 없는 사람 같았다. 오히려 너무 커서 미녀 씨 어머니의 말씀처럼 종종 마주칠 때면 놀라는 기색이 역력했다. 좋아한다는 말도 입 밖에 꺼내지 못하고 속병만 앓고 있던 미녀 씨의 마음은 갈기갈기 찢어지는 것만 같았다. 얼마나 그 남학생을 좋아했던지 그가 근처에 오면 심장이 울려서 터져버릴 것만 같았다. 심장 소리가 어찌나 크게 들렸던지 심장 소리가 그 남학생의 귀에 들리는 것은 아닌가 하는 걱정이 될 정도였다.

그러던 어느 날이었다. 항상 남자 친구들과만 어울리던 그 학생에게 입이 쩍 벌어질 만큼 예쁜 여자 친구가 생기게 되었다. 여전히 그 남학생에 대한 마음을 간직하고만 있던 미녀 씨의 가슴이 무너져 내리는 듯했다. 태어나서 한 번도 입맛을 잃어 본 적이 없던 미녀 씨는 처음으로 입맛을 잃었고 하루에 세 끼만 먹는 기이한 현상이 일어났다. 평소 미녀 씨는 새참까지 합해서 열 끼 정도는 먹어야 그 큰 몸을 지탱할 수 있었다. 미녀 씨는 이대로 그 남학생을 빼앗길 수 없겠다 싶은 조바심이 들었다. 며칠을 끙끙 앓으면서 고민했던 미녀 씨는 큰 결심을 했다.

"엄마, 내가 좋아하는 그 친구한테 여자 친구가 생겨 버렸어요."

"어쩐지, 내가 평생 살면서 우리 미녀가 입맛 잃는 걸 본 적이 없었는데, 그 남자 애가 정말 좋긴 좋은가 보구나."

"네. 얼마나 멋진 사람인지 몰라요! 난 말도 한번 못해 봤는데 옆에 있는 그 여자 친구는 그 애와 매일 팔짱을 끼고 다닌다니까요. 정말 마음이 아파요!"

"내가 뭐랬니? 미리미리 살 좀 빼라고 했지?"

미녀 씨의 어머니는 미녀 씨를 위로하기는커녕 핀잔만 잔뜩 줬다. 도무지 그 남자 아이를 놓칠 수 없었던 미녀 씨는 그날 이후로 하루 종일 운동만 했다. 음식을 하루아침에 줄일 수는 없었기에 음식량은 조금씩 줄이고 운동을 열심히 했다. 그렇게 몇 개월이 흐르자 그녀의 몸이 점점 줄어들기 시작했다. 미녀 씨가 죽을힘을 다해 살을 빼고 있을 그때에도 그 남학생은 예쁜 여자 친구와 사랑을 키워 나가고 있었다. 그 모습을 본 미녀 씨는 더욱더 열심히 운동을 했지만 어느 정도의 시점에 이르자 도무지 살이 빠질 기색이 보이지 않았다. 마음이 급했던 미녀 씨는 성형외과를 찾기로 결심했다. 미녀 씨의 마음은 한시가 급했다. 얼른 예뻐져서 그 남학생을 자신의 남자 친구로 만들겠다는 상상에 부풀어 있었다. 그런데 미녀 씨가 찾은 성형외과 의사 선생님은 수학을 좋아하는 의사였다. 이 의사 선생님은 사람이 오면 번호표 대신 abcd, abdc……와 같은 표를 주었다. 그러고는 사전에서 찾는 순서대로 진료를 했다.

그는 하루에 10명을 진료하는데 미녀 씨가 받은 표는 dbac였다. 마음이 급했던 미녀 씨는 아무리 기다려도 자신의 차례가 오지 않자 의사가 다른 사람을 먼저 진료한다고 생각했다. 그녀는 의사가 아는 사람을 먼저 진료하기 위해 이런 말도 안 되는 번호표를 주는 것이라 판단했다. 의사의 행동이 괘씸하다고 생각한 미녀 씨는 의사를 수학법정에 고소해 버렸다.

사전과 같이 a, b, c 이런 순으로 나오는
경우의 수 문제를 사전식 배열 문제라 부릅니다.

여기는 수학법정

미녀 씨의 차례는 언제일까요?
수학법정에서 알아봅시다.

재판을 시작합니다. 먼저 원고 측 변론하세요.

요즘에 우리 과학공화국에서도 급행료를 내면 먼저 진료해 주거나 일처리를 먼저 해 주는 그런 사례들이 일부에서 이루어지고 있습니다. 이번 사건 역시 진료 카드를 암호화해서 사람들에게 자신의 예약 순서를 모르게 하여 비리를 저지르고 있는 것이 아닌가 하는 의심이 팍팍 듭니다. 물론 증거는 없지만요.

증거가 있는 얘기만 하세요.

그럼 더 이상 할 말이 없습니다.

흠, 이번에 매쓰 변호사 변론하세요.

경우수 연구소에서 생활 속의 경우의 수를 연구하는 헤아려 박사를 증인으로 요청합니다.

붉게 염색한 머리에 붉은색 티셔츠와 붉은색 바지를 입은 사내가 증인석으로 들어왔다. 사람들은 마치 불덩어리가 걸어 들어오는 듯한 착각에 빠질 정도였다.

증인이 하는 일은 뭐죠?

생활 속의 여러 가지 경우의 수를 헤아리는 일입니다.

그럼 이번 사건에 대해 어떻게 생각하십니까?

이번 사건의 진료 카드는 자신이 몇 번째 진료를 받을 것인지를 알 수 있습니다.

어떻게 알 수 있지요?

이런 문제를 경우의 수에서는 사전식 배열의 문제라고 하는데 사전에서는 철자가 a, b, c 이런 순으로 나오게 되지요. 그러므로 가장 먼저 진료를 받는 환자의 카드는 abcd가 됩니다.

그럼 미녀 씨의 경우는 몇 번째죠?

미녀 씨는 dbac이므로 일단 a로 시작하는 모든 사람은 미녀 씨보다 앞 번호가 됩니다. 그럼 a로 시작하는 모든 카드는 6가지 경우이지요. 마찬가지로 b, c 로 시작하는 경우도 미녀 씨보다 앞입니다. 물론 이 두 경우도 6가지 경우가 생기지요. 그러므로 현재까지 18명이 미녀 씨보다 먼저 진료를 받게 됩니다.

그렇다면 d로 시작하는 경우는 어떻게 되지요?

d, a로 시작하는 경우는 모두 4가지인데 이들 모두 미녀 씨보다 먼저 진료를 받습니다. 그다음에는 d, b로 시작하는 카드인데 이 경우 모두 두 가지 경우가 생기지만 그중 알파벳 순으로 가장 앞서는 경우는 dbac입니다. 즉 미녀 씨는 $18+2+1=21$(번

째) 진료를 받을 수 있습니다.

 허허허, 번호가 아니라 문자들로 카드를 만들어도 내 앞에 대기자가 몇 명인지를 알 수 있군요. 앞으로 번호표 대신 이렇게 수학을 재치 있게 이용하는 방법도 인정하는 것을 판례로 만들까 합니다. 그러므로 미녀 씨의 고소는 아무 이유가 없다고 판결합니다.

카드의 경우의 수 ②

0, 1, 2, 3, 4가 적힌 다섯 장의 카드에서 동시에 3장을 뽑아 세 자릿수를 만들 때 짝수의 개수를 구해 봅시다.

짝수가 되려면 끝자리가 짝수이니까 ○○0, ○○2, ○○4의 세 종류가 가능합니다.

① ○○0의 경우

백의 자리에 올 수 있는 수는 4가지, 십의 자리에 올 수 있는 수는 3가지

$\therefore 4 \times 3 = 12$(가지)

② ○○2의 경우

백의 자리에 올 수 있는 수는 3가지이고 십의 자리 숫자에 올 수 있는 수는 3가지.

$\therefore 3 \times 3 = 9$(가지)

③ ○○4의 경우

$\therefore 3 \times 3 = 9$(가지)

①, ②, ③의 결과를 모두 더하면 전체 경우의 수는 12+9+9=30(가지)가 됩니다.

합의 법칙

경우의 수를 구하는 방법에는 두 가지가 있습니다. 하나는 '합의 법칙'이고 다른 하나는 '곱의 법칙'이죠.

예를 들어 A, B가 있다고 해 봅시다. 사건 A, B가 일어나는 경우의 수가 각각 m, n가지이면 A 또는 B가 일어나는 경우의 수는 m+n가지가 됩니다. 이것을 경우의 수에 대한 '합의 법칙'이라고 부릅니다.

여기서 말하는 사건이란 무엇일까요? 주사위를 던져 홀수가 나오는 경우의 수를 구할 때 홀수가 나오는 것을 사건이라고 합니다. 또 1부터 10까지 적힌 카드에서 한 장을 뽑아 3의 배수가 나오는 경우의 수를 구할 때 3의 배수가 나오는 것을 사건이라 하죠.

그럼 이제 경우의 수의 '합의 법칙'을 이용하는 문제를 살펴보도록 할까요? 주사위를 던져 2 또는 홀수의 눈이 나오는 경우의 수를 구하는 문제에서 사건은 두 개가 됩니다. 두 사건을 A, B라고 가정한다면 다음과 같습니다.

수학성적 끌어올리기

A: 2가 나온다.

B: 홀수가 나온다.

두 사건 A, B는 왜 동시에 일어나지 않을까요? 2가 나오는 경우의 수는 1가지이기 때문이죠. 홀수는 1, 3, 5로 3개이니까 홀수가 나오는 경우의 수는 3가지입니다. 따라서 A 또는 B가 일어날 경우의 수는 $1+3=4$(가지)입니다.

또 다른 문제를 살펴볼까요? 1부터 10까지의 카드에서 한 장을 뽑을 때 짝수 또는 3의 배수가 나오는 경우의 수를 구해 보도록 합시다.

이때 두 사건 A, B를 다음과 같이 놓아 봅시다.

A: 짝수가 나온다.

B: 3의 배수가 나온다.

짝수가 나오는 경우의 수는 2, 4, 6, 8, 10이므로 5가지입니다. 3의 배수는 3, 6, 9의 3종류이니까 3의 배수가 나오는 경우의 수는 3가지입니다. 그럼, 짝수 또는 3의 배수가 나오는 경우의 수가 $5+3=8$가지일까요? 아니에요. 짝수이면서 동시에 3의 배수인 경우가 있지는 않을까요? 6은 짝수이면서 동시에 3의 배수입니다. 따라서 짝수 또는 3의 배수가 나오는 경우의 수는 $5+3-1=7$가지입니다.

수학성적 끌어올리기

곱의 법칙

이번에는 경우의 수를 구하는 '곱의 법칙'에 대해 알아봅시다.

사건 A가 일어나는 경우의 수가 각각 m가지이고 그 각각에 대해 B가 일어나는 경우의 수가 n가지이면 A가 일어나고 동시에 B가 일어나는 경우의 수는 $m \times n$가지입니다.

'곱의 법칙'을 사용하는 예를 살펴봅시다.

서점에 갔더니 영어 참고서가 3종류, 수학 참고서가 2종류였다. 영어, 수학을 하나씩 사려고 할 때 몇 가지 방법이 있을까?

영어 참고서를 사는 방법의 수는 3가지, 수학 참고서를 사는 방법의 수는 2가지이므로 곱의 법칙에 의해 $3 \times 2 = 6$(가지)가 됩니다.

이때 왜 곱할까요? 궁금하지 않으세요? 영어 참고서를 a, b, c, 수학 참고서를 x, y라고 해 봅시다. 영어 참고서 하나를 선택했을 때 각 경우에 대해 수학 참고서를 고르는 방법은 2가지씩이니까 곱해야 합니다.

제2장

순열에 관한 사건

순열① – 네 사람의 화보 촬영의 종류

순열② – 0!=1이라고요?

같은 것이 있을 때의 순열 – 학원 차가 가는 길의 개수

중복 순열 – 4개의 신호

네 사람의 화보 촬영의 종류

4명을 일렬로 서로 다르게 세우는
방법의 수는 몇 가지일까요?

김미남, 정성실, 구한샘, 허재훈은 초등학교 시절부터 유명했다. 이 네 명의 친구들은 유달리 음악과 춤에 재능이 있었다. 네 사람은 첫 만남부터 심상치 않았다.

처음 초등학생이 되어 입학을 한 지 얼마 지나지 않아서였다. 미남이는 워낙 아침잠이 많은 아이였다. 그래서 초등학생이 된 지 일 주일도 채 되지 않아 지각을 하게 되었다.

"김미남! 빨리 일어나야지. 너 이제 초등학생이야. 예전처럼 게으름을 부리는 건 옳지 않아."

아침마다 미남이의 엄마는 미남이를 깨우느라 족히 30분은 시간을 보내야 했다. 겨우겨우 잠에서 깬 미남이는 학교 가는 길에도 졸기 일쑤였다.

그러던 어느 날 미남이의 엄마는 미남이를 깨운 뒤 너무 바빠서 먼저 나가 버렸다. 미남이는 엄마가 있을 때는 말똥히 깨어 있는 듯했다. 하지만 엄마가 나가 버리면 금세 침대로 들어가 다시 잠이 들어 버렸다.

그렇게 한참을 자다가 학교에 가야 된다는 생각이 번쩍 들었던 미남이는 헐레벌떡 준비한 후 학교로 향하고 있었다. 조마조마해하며 달려가고 있는데 저 앞에 자신과 같은 또래의 아이가 가방을 메고 학교로 가고 있는 게 보였다.

"너도 산가람학교 학생이니?"

"응, 근데 날 아니?"

"아니, 잘 몰라. 그러나 저러나 너 지각하지 않았어?"

"괜찮아, 선생님이 9시에 들어오시니까 좀 늦어도 상관없을 거야."

미남이가 지각으로 알게 된 아이가 재훈이었다. 재훈이는 학교에 늦었어도 좀처럼 서두르는 법이 없었다. 어찌나 느긋하든지 미남이마저도 지각에 대한 두려움이 말끔히 사라져 버릴 정도였다.

재훈이는 유행하던 로봇 장난감을 가지고 있었다. 이 장난감을 계기로 두 사람은 그날 등굣길에 친구가 되었다. 이렇게 친구가 된 두 사람의 우정은 나이를 먹어서도 계속되고 있었다.

늦잠을 좋아하는 두 사람은 일어나고 깨는 시간도 비슷해서 등교도 같이했고, 집에 올 때도 늘 함께였다. 이렇게 1학년을 보내던 두 사람에게 위기가 닥쳤다.

원래 미남이는 몸이 너무 약했다. 그래서 또래 아이들보다 한 살 정도는 덜 먹어 보였다. 하지만 키도 크고 몸집도 큰 재훈이와 늘 함께였기에 재훈이가 미남이를 보호해 주었다. 그러던 어느 날이었다.

"미남아, 오늘은 일찍 가야겠어. 엄마가 외할머니 댁에 간다고 일찍 오라고 아침부터 당부하셨거든. 그래서 전속력으로 질주해서 가야 해."

"그럼, 오늘은 나 혼자 가는 거야?"

"응, 좀 서둘러 가야 할 것 같아. 짜식, 내가 그렇게 좋아?"

"웃기시네, 또 왕자병 나오신다. 그런 거 아니거든! 빨리 가 봐."

이렇게 재훈이를 먼저 보내고 평소 동작이 느렸던 미남이는 그날도 그렇게 천천히 가방을 챙겨서 집으로 돌아가고 있었다. 하지만 걸음도 느리고 동작도 느린 미남이였기에 집에 도착하기도 전에 금방 날이 저물어 버렸다.

평소에는 재훈이가 함께 있어 줘서 어두운지 몰랐는데 막상 혼자 가려니 무서운 마음이 들었다. 좀처럼 발걸음을 서두르지 않던 미남이도 그날은 괜한 기운에 집으로 발길을 서두르고 있었다.

"거기, 땅꼬마! 이리 와 봐!"

짧은 다리로 서두르고 있던 미남이의 눈에 덩치 큰 두 녀석이 보였다.

"저, 저요?"

"그래, 너 말고 여기 땅꼬마가 어디 또 있냐?"

"왜…… 왜요?"

"오라면 오는 거지, 무슨 말이 그렇게 기냐?"

상대방의 덩치에 미남이는 바짝 쫄아 있었다. 얼마나 겁을 먹었는지 한 걸음도 못 떼고 그 자리에서 그대로 얼어 버렸다.

"이 자식이! 너 내가 오란 말 안 들려?"

큰 덩치 녀석이 미남이에게 거의 다가왔을 그때, 곁을 지나던 미남이의 학교 '짱'이 그 모습을 보았다.

"야! 거기 뭐야?"

바지에 거의 오줌을 쌀 뻔했던 미남이는 그 목소리가 하느님의 목소리처럼 들렸다. 미남이가 고개를 들어 보니 학교 짱이었던 한샘이가 떡 하니 서 있었다.

"니들 진짜 모양 안 나게 약한 사람 괴롭히는 거야? 몸만 크다고 힘이 있는 건 아니잖아."

"이 녀석이, 너 우리가 누군 줄 알기나 하고 이러는 거야?"

"니들이 누구건 나와 상관없어. 거기 친구! 우리랑 같이 가자!"

이렇게 말하며 한샘이는 미남이를 끌고 나갔다. 그러자 덩치 큰 두 녀석이 막아서려 했다. 하지만 한샘이의 카리스마도 장난이 아니었다.

한샘이의 기세에 눌린 두 사람은 짐짓 물러서고 있었다. 미남이를 위험에서 구해 온 한샘이는 미남이가 같은 학교 친구라는 것을 알았다.

그날 이후 한샘이는 미남이와 재훈이의 친구가 되었다. 이제는 삼총사가 되어 버린 세 사람은 항상 붙어 다니며 세 사람만의 독특한 분위기를 연출하고 있었다.

세 사람의 힘이 은근히 강해서 이제는 학교에서도 유명세를 타고 있었다. 세 사람은 특히 춤추고 노래하는 데 뛰어난 능력이 있었다. 셋은 쉬는 시간은 물론이거니와 학교가 끝나고 나서도 음악에 맞춰 안무 연습을 하곤 했다.

"한샘아, 오늘은 백스핀이야?"

"어제 하루 종일 집에서 연습했는데 엄마한테 걸려서 혼났잖아."

"사실, 음악 안 틀고 모르는 사람이 보면 미친 사람 같을 거야. 그치?"

세 사람은 매일 새로운 춤 동작 연구에 몰두했다. 집과 학교를 가리지 않고 오직 춤추는 데만 공을 들이고 있었다. 그런데 어느 순간부터 세 사람은 자신들의 춤에 발전이 없다고 느끼기 시작했다. 그래서 '춤신' 이라고 불리는 한 녀석을 찾아 나섰다. 녀석의 이름은 정성실이라고 했다. 이름만 알 뿐 성실이를 어디서 찾아야 할지 몰랐던 세 사람은 내로라하는 춤꾼들이 모인 곳은 다 찾아다녔다.

"이제 더 이상은 무리야. 아무리 찾아다녀 봐도 성실이란 춤신은 없어."

"한 달을 돌아다녀도 그런 사람의 그림자도 못 봤으니, 그냥 우리가 다시 힘을 합쳐 새로운 춤을 만들어 보자."

"춤신을 만나면 우리 춤에 힘을 얻을 수 있을 것 같았는데."

실망하는 아이들 뒤로 성실이가 그제야 모습을 나타냈다.

"어이, 날 찾았다고 하던데?"

세 사람은 성실이를 보고서도 믿지 못하겠다는 듯 어리둥절하고 있었다.

"그렇게 오랫동안 찾고 있었는데, 이제야 나타날 것은 뭐람?"

"지금이라도 보였잖아. 근데 왜 찾았어?"

아이들은 왜 성실이를 찾았는지 그동안의 이야기를 들려주었다. 이야기를 전해 들은 성실이는 세 사람의 춤을 보고 싶어 했다. 세 사람은 성실이의 도움이 절실했던 터라 당장 성실이 앞에서 춤을 보여 주었다.

"글쎄, 뭔가 부족하다는 건 알고 있겠지?"

세 사람은 성실이의 자신만만한 태도가 좀 거슬렸지만, 성실이를 춤 선생님으로 생각하고 멤버에 끼워 주기로 했다. 이렇게 해서 네 사람이 모이게 되었다.

네 사람은 하루도 빠짐없이 춤 연습을 했고 이제는 노래까지 연습했다. 처음에는 취미 삼아서 시작했는데, 하다 보니 욕심이 생겨서 미래의 꿈을 가수로 정했다. 그렇게 이들은 가수의 꿈을 향해 노력했고 춤과 노래 연습 또한 게을리 하지 않았다. 물론 학생의 본분인 공부도 소홀히 하지 않았다.

이제 나이를 먹은 네 사람은 본격적으로 오디션을 보러 다녔다. 하지만 의외로 이들은 오디션을 쉽게 통과하지 못했다. 분명 네 사람의 실력은 상당했지만 가는 곳마다 실력보다 외모가 더 뛰어나서 음악이 살지 않는다고 했다. 네 사람이 거의 포기에 이르렀을 때에야 그들의 음악성을 인정하는 기획사가 나타났다. 그들은 하늘이 내려 주신 기회라 생각하고 누구보다 열심히 일했다. 그런 네 사람의 노력과 뛰어난 외모가 더해져 이들은 가수로 성공하게 되었다.

"우리 완전 대박이야. 역시 우리의 노력과 타고난 외모는 어디에서도 인정을 받게 된다니까."

"그래도 이 정도로 대박이 날지는 몰랐어. 방송국 앞에 팬들 봤어?"

"진짜 장난이 아니야. 사람들이 내 이름을 부르고 난리도 아냐."

이렇게 하루가 다르게 인기가 많아지자 기획사에서는 네 사람의 화보를 촬영하기로 했다. 사람이 넷이다 보니 서로 다른 순서로 촬영을 해야 했다. 하지만 무엇보다 서로 다른 순서로 촬영을 해야 각자의 팬들이 화를 내지 않았다. 그래서 이들이 서로 다르게 서 있는 모든 화보를 넣어서 화보집을 만들기로 했다. 그런데 사진관에서는 모든 가능한 경우는 $4 \times 4 \times 4 \times 4$(장)이라고 주장을 했다.

이에 대해 기획사는 뭔가가 이상하다고 여기고 사진관 측을 수학 법정에 고소했다.

어떤 대상들을 순서대로 세울 때 서로 다른 경우의 수를
순열이라고 하며 네 개의 수를 일렬로 세우는
경우의 수는 4!(팩토리얼)가 됩니다.

4명을 일렬로 서로 다르게 세우는 방법의 수는 몇 가지일까요?
수학법정에서 알아봅시다.

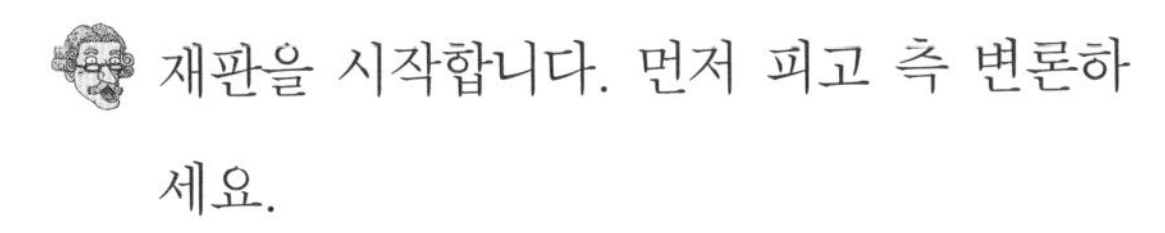

재판을 시작합니다. 먼저 피고 측 변론하세요.

사진사는 사진에 대해서는 누구보다도 잘 알고 있습니다. 그러니까 네 명을 일렬로 다르게 찍어 본 경험도 있을 거고요. 그렇다면 사진사의 말을 믿어야지 이렇게 자꾸 고소만 하면 사진사는 어찌 먹고살란 말입니까?

수치 변호사! 너무 사진사의 편을 드는 게 아니오?

저희 작은아버지가 사진관을 하셔서…….

그런 사적인 얘기는 재판에 개입돼서는 안 됩니다.

알겠습니다.

그럼 매쓰 변호사 변론하세요.

순열 연구소의 일렬로 박사를 증인으로 요청합니다.

키가 매우 크고 깡마른 사내가 똑바로 걸어서 법정으로 들어왔다.

증인이 하는 일은 뭐죠?

순열에 대한 연구를 하고 있습니다.

순열이 뭐죠?

어떤 대상들을 순서대로 세울 때 서로 다른 경우의 수를 순열이라고 합니다.

좀 더 자세히 설명해 주시겠습니까?

예를 들어 1, 2가 있다고 해 보죠. 그럼 서로 다르게 세우는 경우는 다음과 같이 두 가지입니다.

1 2

2 1

그럼 1, 2, 3이 있으면요?

그때는 여섯 가지가 됩니다.

1 2 3

1 3 2

2 1 3

2 3 1

3 1 2

3 2 1

그럼 1, 2, 3, 4가 있으면요?

그래서 규칙을 찾아야 합니다. 두 개의 서로 다른 수를 일렬로 배열하는 순열의 수는 2이고 이것은 $2=2\times1$이라고 쓸 수 있습니다. 그리고 세 개의 서로 다른 수를 일렬로 배열하는 순열의 수는 6이고 이것은 $6=3\times2\times1$이라고 쓸 수 있지요. 수학자들은 $3\times2\times1=3!$이라고 쓰고 '3팩토리얼'이라고 읽습니다. 그러니까 네 개의 수 1, 2, 3, 4를 일렬로 세우는 순열의 수는 $4!=4\times3\times2\times1=24$(가지)가 되지요.

간단하군요.

그렇습니다.

그렇다면 사진관에서 잘못 계산했네요. 그러므로 사진관의 유죄를 인정합니다. 앞으로 사진관 사장들도 수학 좀 공부하세요.

집으로 돌아오는 길의 경우의 수

서로 다른 마을에 사는 네 친구 집을 돌아오는 데는 몇 가지 차례가 있을까요?
네 친구를 A, B, C, D라고 해 봅시다.
네 친구 집을 A→B→C→D의 순서로 갈 수도 있고, B→C→A→D의 순서로 갈 수도 있습니다. 다시 말해서 가능한 경우는 A, B, C, D를 일렬로 배열하는 방법의 수입니다.
∴ $4!=24$(가지)가 됩니다.

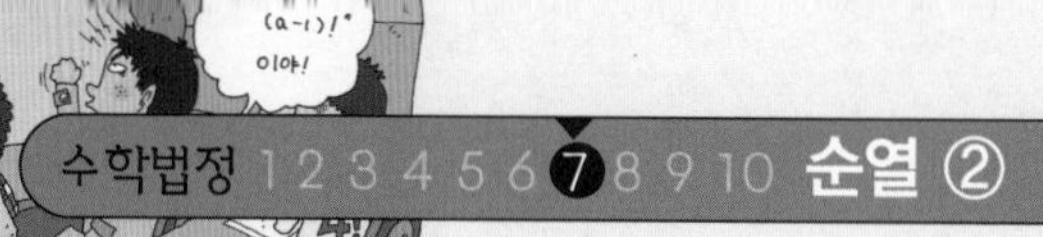

0!=1이라고요?

0!=1이 되는 이유는 무엇 때문일까요?

"1 더하기 1은 뭘까요?"

"수학적으로 1 더하기 1은 2야."

"땡! 틀렸습니다."

"뭐라고? 너 지금 장난하니? 어떻게 1 더하기 1을 내가 틀렸단 거니?"

수학에 있어서라면 한 자존심 하는 유수리가 발끈하고 나기지에게 따지고 있었다.

"성질도 급하긴, 1 더하기 1은 창문입니다."

"너 그게 말이 된다고 생각하니?"

"뭐 어때? 웃자고 내 본 문제인데."

"넌 수학을 대하는 기본 자세가 안 돼 있어. 수학이 얼마나 신성한 학문인데 그런 식으로 모독하니?"

나기지의 숫자 놀이에 화가 난 유수리는 얼굴이 새빨갛게 변할 정도였다.

"수리야, 넌 다 좋은데 사람이 농담을 하면 좀 받아넘길 줄도 알아야 해. 그렇다고 수학에 대한 너의 그 마음이 줄어드는 것은 아니잖아."

"난, 수학을 모독하는 것은 도저히 참을 수 없어. 정말 짜증난다고!"

"진짜 너 짜증 제대로다. 그러니까 네가 친구가 별로 없는 거라고!"

수리를 달래 보려 했던 기지는 도무지 고집을 꺾지 않는 수리를 보고는 고개를 절레절레 흔들며 가 버렸다.

수리는 어렸을 때부터 수학에 있어서는 재능이 남달랐다. 뛰어난 재능만큼 주변의 기대 또한 컸다. 타고난 재능과 주변의 기대까지 받고 자란 수리는 수학에 있어서라면 누구보다 자신이 있었다. 그래서인지 수학을 대하는 태도 또한 다른 아이들과는 달랐다. 수리는 마치 수학을 친구처럼 대했다. 수에 말을 걸기도 하고, 하루 종일 집에서 수학 문제만 풀기도 했다.

"수리야, 네 나이에는 친구들과 함께 밖에 나가 뛰어노는 것도 중요하단다."

"엄마, 난 수학 책이 제일 좋아요. 수학 책만 보고 있으면 시간이 어떻게 가는지도 모르겠는걸요."

"수학 책만 너무 보면 정작 친구들은 사귈 수가 없잖니. 밖에 나가서 다른 친구들과 어울리는 것도 엄마가 생각하기엔 좋을 것 같아."

"생각해 볼게요. 하지만 수학이 아닌 다른 데 시간을 빼앗기는 게 싫어요."

너무 수학에만 몰두해 있는 수리를 보며 엄마는 밖에 나가 놀다 오라고 할 정도였다. 하지만 수리는 밖에서 뛰어노는 아이들의 모습이 하나도 재미있어 보이지 않았다. 엄마가 밖에서 놀다 들어오라고 내보내면 10분도 지나지 않아 다시 집으로 들어오곤 했다. 엄마는 그런 수리가 걱정되었지만, 아이가 수학을 너무 좋아하는지라 도무지 말릴 수가 없었다.

수리는 어린 시절부터 좋아해 오던 수학을 따라 수학 집중 학교에 가게 되었다. 초등학교에 간 수리는 수학 책을 보고는 너무 실망해서 그 다음 날로 학교에 가지 않겠다고 엄마에게 떼를 썼다.

"학교 책은 너무 쉬워서 보고 싶지가 않아요. 이미 다 아는 것인데, 설명도 너무 재미없게 되어 있다고요."

"수리야, 학교에서 수학만 배우는 것은 아니잖아. 친구들과 함께 지내는 법도 배우고 체육, 미술, 음악 같은 것도 배우는 곳이 학교야."

"난 학교에 가면 재미있는 수학을 배울 줄 알았어요. 그런데 아니잖아요. 정말 실망이에요."

학교에서 배우는 수학이 싫다며 토라진 수리를 달래느라 엄마는 진땀을 빼고 있었다. 엄마는 집에 와서는 무조건 수학 공부만 해도 된다는 약속을 하고 나서야 수리의 고집을 꺾을 수 있었다.

수학 실력이 워낙 뛰어난 수리는 초등학교 졸업 당시 이미 고등학교 수준의 수학 공부를 마친 상태였다. 수리는 수학을 집중적으로 공부할 수 있는 학교가 있다는 소식을 듣고 엄마에게 다시 조르기 시작했다.

"엄마, 중학교 중에 수학 영재를 기르는 곳이 있대요. 거기에 가면 수학 공부도 마음껏 할 수 있고 수학 잘한다고 왕따도 안 당할 거예요."

"수리야, 정말 수학이 그렇게 좋아? 앞으로 수학만 하고 살면 행복하겠어?"

엄마는 수리에게 진지하게 물었다. 수리는 1초의 망설임도 없이 고개를 힘차게 끄덕였다.

"네, 난 수학이 세상에서 제일 좋아요. 수학만 풀고 있으면 아무것도 생각나지 않고, 내가 멋진 사람이 된 것 같거든요."

이미 수리의 수학에 대한 마음을 알고는 있었지만 엄마가 생각하기에 수리가 좀 더 또래 아이들과 어울렸으면 좋겠다는 아쉬움이 들었다. 수리의 고집이 수학에 있어서만큼은 대단하다는 것을 엄마도 이미 인정하고 있었다. 수학 특성 중학교에 보내 주지 않으면 수리는 분명 시름시름 앓아누울 게 뻔했다.

"수리야, 엄마는 수리가 수학을 해서 행복하다면 그 길을 가도록 하고 싶구나. 대신 너무 수학만 좋아하지 말고, 친구들도 사귀었으면 좋겠어."

결국 엄마는 수리가 수학 특성화 중학교에 가는 것을 허락했다. 수리가 들어간 중학교는 정말 수학에 있어서는 최고라 불릴 만한 학교였다. 학교 건물부터가 수처럼 생긴 것이 심상치가 않아 보였다. 처음 학교에 왔던 수리는 학교를 보고는 심장이 마구 뛰었다.

"엄마, 나 이 학교 너무 좋아요. 수학을 더 많이 배울 수 있다는 것만으로도 좋은데, 학교 전체가 수학이 아닌 곳이 없어요!"

흥분하는 수리를 보는 엄마의 마음도 한결 가벼워졌다. 그렇게 중학교에 입학한 수리는 중학교 공부를 너무 즐겁게 잘해 내고 있었다. 수리에게 수학은 어떠한 스트레스도 되지 않았다. 오히려 수리가 자부심을 가지고 살아갈 수 있도록 만드는 힘이 되고 있었다. 수리는 중학 수학 영재 학교에서도 다른 아이들보다 뛰어났다. 사실 초등학교 때에는 수리가 너무 수학만을 좋아하고 수학에 있어서는 지지 않으려는 모습 때문에 늘 따돌림을 당했었다. 그런데 중학교에 오니 수학만 좋아하는 친구들만 모여서인지, 도무지 그런 분위기는 없었다. 오히려 수학을 잘하는 수리와 친해지지 못해 다들 안달이었다.

"이번 1학년에 수리란 아이가 들어왔는데, 이미 수학에 관한 이론을 하나 세우고 있을 정도래."

"걔한테 모르는 문제를 들고 가면 30초 안에 다 해결이 된다던데."

"그래? 쉬는 시간에 그 애 보러 한 번 내려가 봐야겠어. 우리도 수학이라면 지지 않는데, 어떤 녀석인지 정말 궁금하단 말이야."

이제 수리의 수학 실력은 사람들을 그러모으는 힘까지 보여 주고 있었다. 수리의 엄마가 가장 걱정했던 친구 문제가 수학으로 인해 해결된 셈이었다. 수리는 수학에 있어 말이 통하는 친구들과 함께 하는 시간이 행복했다. 적어도 수리가 다니는 중학교 아이들은 수리가 하는 말을 알아듣고 있어서 좋았다.

중학교에서도 뛰어났던 수리였던지라, 고등학교도 수석으로 수학 특성 고등학교에 들어가게 되었다. 중학교 때부터 유명했던 수리는 고등학교에 가서도 선생님들의 관심을 한 몸에 받았다. 선생님들은 수리를 학회에 데리고 다니는 경우가 많았다.

"수리는 수학자가 되고 싶다고 했으니까 미리 경험을 쌓아 두는 것도 나쁘지 않을 거야. 학회에 가서도 어떤 말을 하는지 알 수 있기 때문에 네가 가서도 크게 무리는 없을 거야."

"네, 수학 이야기가 있는 곳이면 어디든 따라가야죠."

선생님들과의 학회 참석이 부담이 될 법한데도 수리는 오히려 학회 참석을 즐기는 듯했다. 이렇게 어린 시절부터 학회에도 참석하고 수학자들과 인사를 해 두었던 수리는 대학 역시 남들보다 몇 년은 빨리 들어가게 되었다. 고등학교 때까진 정해진 과정이 있었다면 대학교에서는 하고 싶은 공부를 좀 더 폭넓게 할 수 있었다. 그런 점에서 수리는 빨리 대학에 가고 싶었다.

대학에 들어온 수리는 물 만난 물고기처럼 신나게 공부를 했다. 수리는 책 냄새 나는 도서관에서 수학 책들을 펴놓고 해 지는 줄도 모르고 공부를 했다. 하지만 공부가 너무 재미있었다.

그러던 수리가 대학에 와서 가장 먼저 제출한 의견이 !의 개념에 대한 것이었다. 수리는 4×3×2×1처럼 4부터 1까지 차례로 곱한 수를 4!로 쓰자고 수학학회에 건의했다. 수학학회는 이 제안을 흔쾌히 받아들이기로 했다. 이대로라면 4!=24, 3!=3×2×1=6 등으로 곱셈의 이용이 편리하게 되었다.

"역시, 소문대로 수리 씨는 참 대단하단 말이야!"

"어떤 수학자도 생각해 내지 못한 것을 이렇게 나이 어린 수학자가 해내다니! 수학사에 길이길이 남을 거예요."

사람들은 저마다 칭찬을 아끼지 않았다. 그런데 문득 어떤 은둔 수학자가 나오더니, 이대로라면 0!=1이 되어야 한다고 주장하기 시작했다. 수학에 있어서라면 절대 지고 살지 못하는 수리는 그 은둔 수학자를 수학법정에 고소해 버리기로 했다.

3!=3×2×1과 같이 팩토리얼은 해당 숫자부터
작은 수를 차례대로 1까지 곱하는 것입니다.

과연 0!=1일까요?
수학법정에서 알아봅시다.

재판을 시작합니다. 먼저 원고 측 변론하세요.

팩토리얼은 어떤 수부터 하나씩 줄여 나가서 1까지 곱하는 겁니다. 즉 3!은 3과 2와 1과의 곱이지요. 그런데 0은 1보다 작잖아요? 그런데 어떻게 1까지 숫자를 줄여 나갑니까? 있을 수 없는 일이죠. 따라서 0!이라는 것은 수학에 존재하지 않는다는 것이 저의 생각입니다.

피고 측 변론하세요.

팩토리얼 연구소의 이계승 박사를 증인으로 요청합니다.

검은색 정장 차림의 40대 신사가 중절모를 쓰고 법정으로 걸어 들어왔다.

증인이 하는 일은 뭐죠?

팩토리얼에 관한 연구를 하고 있습니다.

팩토리얼이라면 작은 수를 차례대로 1까지 곱하는 거 아닌가요?

그렇긴 하죠. 하지만 우선 규칙을 찾아야 합니다.

어떤 규칙이 있죠?

4!은 무엇이죠?

$4\times3\times2\times1$이죠.

그럼 3은요?

$3\times2\times1$이죠.

$4\times3\times2\times1=4\times(3\times2\times1)$이죠?

당연하지요.

그러니까 $4!=4\times3!$이 됩니다.

그렇군요.

이런 식으로 $5!=5\times4!$이 되고 일반적으로는 $a!=a\times(a-1)!$이 됩니다.

그럼 0!이 존재합니까?

물론입니다. 위 식에서 a에 1을 대입해 보세요. 그럼 다음과 같이 됩니다.

$$1!=1\times(1-1)!$$

그런데 $1-1=0$이고 $1!=1$이니까 $1=1\times0!$이 되잖아요? 그러니까 $0!=1$입니다.

정말 신기하군요.

저 역시 너무 신기하다는 생각이 드는군요. 아무튼 0!이 존재하며 그 값이 1이 된다는 것을 알게 되었습니다. 정말 멋진 수학입니다. 앞으로 0!=1이라는 것을 수학학회에서 인정할 것을 판결합니다.

줄 세우는 경우의 수

남학생 3명과 여학생 4명이 있습니다. 남학생끼리 이웃하게 세우는 방법의 수는 얼마일까요?
남자를 a, b, c라고 하고 여자를 A, B, C, D라고 합시다. 남자들끼리 이웃한다고 했으니까 a, b, c를 한 묶음으로 생각하면 되겠지요? 그럼 여자 네 명과 남자 묶음을 일렬로 세우는 방법은 5!이 됩니다.
이제 남자 묶음 속에서 남자 세 명을 일렬로 세우는 방법의 수는 3!이 됩니다. 그러니까 전체 경우의 수는 5!×3!=720(가지)가 되는 것이죠.

학원 차가 가는 길의 개수

학원 차가 가는 길의 개수와
순열 공식과는 어떤 연관성이 있을까요?

김배달 군의 집은 어려서부터 너무 가난했다. 어찌나 가난했던지 하루 한 끼밖에 먹을 수 없을 정도였다. 배달 군의 소원은 배부르게 한 번 먹어 보는 것이었다.

"엄마, 난 항상 배가 고파요. 다른 애들은 매일 배부르단 소리를 달고 다니는데 난 항상 배가 고파요."

"미안해, 배달아. 엄마가 열심히 일한다고 하는데, 우리 가족이 배불리 먹을 만큼은 안 되네."

어린 배달이가 배고프다는 말에 엄마는 눈물을 보이셨다. 배달이가 딱히 뭐라고 설명할 순 없었지만, 배달이는 그날 이후로 엄마에게 배고프단 말을 꺼내지 않게 되었다. 배달이에게는 동생이 둘 있었는데, 동생들 역시 잘 먹지 못하는 것은 마찬가지였다.

"형, 나 배고파. 우린 왜 매일 밥을 잘 못 먹어?"

"나도 배고파. 다른 애들은 치킨도 먹고 피자도 먹는데 우린 밥도 제대로 못 먹잖아. 엉엉."

"얘들아, 우리가 배고프다고 칭얼거리면 엄마가 더 슬퍼하실 거야. 형이 밥 나눠 줄 테니 엄마 앞에서는 씩씩한 모습, 웃는 모습만 보이자. 알았지?"

배달이의 말에 동생들도 고개를 끄덕였다. 어린 동생들이었지만 배달이는 동생들의 그런 모습이 어찌나 든든해 보였는지 몰랐다.

'동생들을 위해서라도 열심히 공부해서 더 이상 동생들이 배고프지 않게 만들고 싶어.'

배달이는 학생 신분으로서 자신이 할 수 있는 것이 공부라고 생각했다. 그래서 배달이는 누구보다 열심히 공부했다. 하지만 자라나는 동생들이 잘 먹지 못하는 것을 보는 배달이의 마음은 너무 아팠다. 그래서 배달이는 새벽 일찍 일어나서 신문 배달을 하기 시작했다. 열심히 공부도 하면서 틈틈이 새벽에는 신문을 돌렸다. 그렇게 조금씩 용돈을 벌게 된 배달이는 동생들만은 자기처럼 배를 굶주리지 않았으면 하는 마음에 그 돈으로 동생들에게 맛있는 것을 사 주었다.

"형아, 오늘은 피자가 먹고 싶은데 먹을 수 있어?"

"응, 우리도 한 달에 한 번쯤은 맛있는 거 배부르게 먹는 날이 있어야지."

"역시, 우리 형이야."

"복 받은 줄 알아. 나 같은 형 만나기가 어디 쉬운 줄 아니? 자 맛있게 먹자."

배달이는 동생들이 맛있게 먹는 모습만 봐도 기분이 좋았다. 배달이의 엄마는 공부할 시간에 신문을 돌리고 있는 배달이가 걱정이었다. 하지만 공부에는 절대 지장을 주지 않겠다고 약속했고, 또 그 약속을 지키고 있어서 그대로 두었다.

"배달아, 다른 애들은 과외까지 받으면서 공부하는데, 꼭 신문 배달을 해야겠니?"

"괜찮아요, 엄마. 오히려 운동도 되고 좋은걸요."

배달이는 공부도 하고 짬짬이 용돈도 벌면서 학창 시절을 알차게 보냈다. 이런 배달이에게도 잊지 못하는 맛이 하나 있었다. 배달이가 초등학교 졸업을 하던 바로 그날이었다.

"오늘은 졸업식인데, 그래도 엄마가 오셔서 함께했으면 좋겠다."

배달이는 아빠가 없었다. 배달이의 막내 동생이 태어나고 몇 년 지나지 않아 아버지는 교통사고로 인해 하늘나라로 가 버리셨다. 그 후로 배달이의 엄마가 생계를 꾸리면서 집안이 많이 어려웠다. 첫 졸업식인 만큼 아버지는 어쩔 수 없다 하더라도 엄마는 오셨으면 하는 마음이 있었다. 하지만 속 깊은 배달이는 엄마에게 그런 내색을 하지 않았다.

"에이, 그래도 나는 씩씩하니까 괜찮아. 대신 동생들이 있잖아."

이렇게 생각하고 배달이는 동생들과 함께 졸업식에 참석했다. 하지만 졸업식이 끝날 즈음 생각지도 않았는데 엄마가 나타나셨다.

"엄마!"

"미안해, 우리 아들. 엄마가 졸업식에 일찍 왔어야 하는데, 미안해. 여기 꽃다발."

엄마는 연신 미안하다는 말을 하고 있었다.

"아니에요, 엄마. 엄마가 온 것만으로도 전 너무 기뻐요."

배달이의 얼굴에서는 웃음이 떠나질 않았다. 그날은 배달이네 가족 최초의 외식 날이기도 했다. 엄마는 배달이의 졸업을 축하하기 위해 배달이와 두 동생들을 데리고 자장면 집으로 갔다.

"오늘은 우리 배달이 졸업식이니까, 엄마가 한턱 쏜다. 우리 아들들 맛있게 먹어."

이렇게 배달이네 가족은 자장면 집에서 졸업 축하 파티를 하게 되었다.

"엄마, 내가 먹은 음식 중에 최고로 맛있는 음식이에요. 정말 고마워요. 내 평생 이 맛은 절대 잊을 수가 없을 거예요."

배달이네 가족은 즐거운 마음으로 자장면을 모두 배불리 먹었다. 언제나 음식을 먹을 때면 함께 못 먹는 가족들이 있어 마음에 걸렸는데, 그날은 모든 가족이 다 모여서 처음으로 식사를 했다는 의미가 있었다. 그래서 그 자장면의 맛을 잊을 수가 없었다.

그날 집에 돌아온 배달이는 낮에 먹었던 자장면이 자꾸만 아른거렸다. 자장면도 맛있었지만 무엇보다 가족들과 함께했다는 것이 배달이를 기쁘게 했다. 그때부터 배달이는 꼭 어른이 되면 자장면집 사장님이 돼야겠다고 생각했다. 공부를 열심히 해서 돈을 번 후, 나이가 들면 배달이가 먹은 그 자장면의 맛을 사람들에게 나눠 주고 싶었다.

그렇게 하루하루 열심히 살아왔던 배달이는 어엿한 대학생이 되었다. 배달이는 대학에서 경영학을 공부했다. 어린 시절부터 굶주려 왔던 터라 돈과 관련한 학문을 공부해 보고 싶었다. 대학생이 된 배달이는 아르바이트를 할 시간을 더 가지게 되었다. 대학 공부는 고등학교와는 전혀 달랐다. 그래도 혼자 공부할 시간이 더 많아져서 아르바이트를 할 시간이 좀 더 넉넉해졌다. 배달이는 미래의 꿈을 위해 중국집 배달 아르바이트를 하기로 했다.

"배달아, 다른 친구들은 과외다 뭐다 해서 쉽게 돈을 많이 버는데 굳이 배달 아르바이트를 해야겠니?"

"엄마, 난 엄마가 졸업식 때 사 준 그 자장면 맛을 잊을 수가 없어요. 그래서 좀 더 나이를 먹을 후에는 꼭 나만의 중국집을 갖고 싶어요."

"그래도 위험하지 않겠니? 오토바이를 타고 다녀야잖아."

"안전 장비를 다 갖추고 타니까 괜찮아요. 조심할게요."

배달이는 꼭 중국집 사장님이 되고 싶었기에 경험상으로라도 배달 일을 해 보고 싶었다. 배달 일도 하고 중국 음식점 요리에 대한 상식도 함께 배우면서 하루하루를 열심히 살았다.

"배달 군은 참 성실해서 좋단 말이야. 대학생이나 된 사람이 이런 힘든 일을 자처하고 나선 것도 그렇고, 참 대견하네그려."

"뭘요, 전 중국 음식이 좋아요. 그리고 여긴 우리 마을에서도 알아주는 음식점이잖아요. 많이 가르쳐 주세요."

"그래, 배달 군의 꿈이라니, 내 옆에서 잘 배워 봐. 대신 학교생활엔 지장 안 되도록 시간 조절 잘 해서 다니고."

"네, 학교생활에 지장을 주면 배달이가 아니죠."

주방장님은 성실한 배달이의 모습이 믿음직스러웠다. 그래서 중국 음식에 대한 기술을 많이 가르쳐 주었다.

어느덧 세월은 흘러 배달이가 대학 졸업을 할 때가 되었다. 성실한 배달이는 대학 내내 수석을 놓치지 않더니 결국 졸업도 수석으로 했다. 배달이는 경영학을 바탕으로 해서 본격적인 중국집 사업 구상에 들어갔다. 그동안 중국집 아르바이트와 더불어 했던 많은 다른 아르바이트 비용으로 사업 자금은 제법 모아졌다. 구체적으로 사업 계획을 세운 배달이는 중국집에서 배운 기술을 바탕으로 자기만의 중국집을 열게 되었다. 배달이의 오랜 연구와 노력 덕에 배달이의 중국집은 번창하기 시작했다. 한 번 배달이네 식당에 다녀간 사람치고 다시 찾지 않는 사람이 없을 정도였다.

처음에는 크게 돈이 된다는 생각은 하지 않았다. 하지만 세월이 더해지면서 중국집 운영에 대한 아이디어들이 빛을 발하고 사람들의 입 소문이 번지면서 배달이네 중국집은 점점 손님들로 들끓게 되었다. 배달이는 자신의 가게를 찾아 주는 사람들이 너무 고마웠다. 무엇보다 행복하게 자장면을 먹고 나가는 모습이 기뻤다. 그렇게 해서 배달이는 10년도 채 되지 않아 자장면 업계의 큰손이 되었다.

자장면 사업이 잘되자 배달이는 자신처럼 자장면을 만드는 데 관심을 가진 후배들을 기르고 싶어졌다. 고민을 거듭하던 배달이는 자장면 학원을 세워 후배 요리사들을 키우기로 마음먹고 곧 중국요리 학원을 세웠다. 학원은 기대했던 것 이상으로 인기를 끌었다. 처음에는 동네에서 운영하는 정도였는데 이제는 한 마을 전체에 학원생들이 고루 퍼져 있을 정도로 인기가 있었다. 학원에서는 학원생들을 위해 버스를 운행하기로 했다. 그런데 마을은 다음과 같은 길로 되어 있었다.

학원의 위치는 A였다. 학원생이 골고루 퍼져 있던 관계로 A에서 B로 가는 가장 짧은 버스 노선을 만들어야 했다. 배달 씨는 경영학을 전공해서인지 A에서 B로 가는 가장 짧은 노선을 만드는 게 여간 어려운 것이 아니었다. 그리하여 배달 씨는 가장 짧은 노선의 개수를 연구하는 기관에 의뢰했다. 하지만 그 기관에서도 도대체 서로

다른 가장 짧은 길이 몇 개인지 잘 모르겠다고 했다. 곧 학원 차를 운행해야 했던 배달 씨는 이 문제를 수학법정에 의뢰했다.

같은 수를 구분할 때는 같은 것이 없을 때
일렬로 세우는 방법의 수를, 같은 것의 수의
팩토리얼로 나누어야 합니다.

A에서 B로 가는 길은 몇 가지일까요?
수학법정에서 알아봅시다.

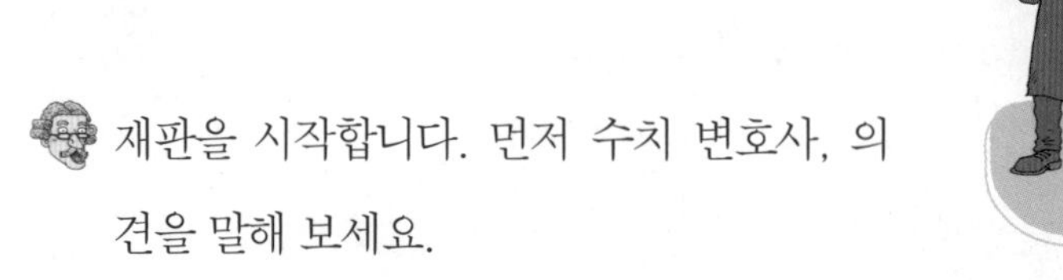

재판을 시작합니다. 먼저 수치 변호사, 의견을 말해 보세요.

길이 너무 복잡해요. 대충 여러 번 가 본 다음에 헤아리면 되잖아요? 도저히 오늘 내용은 모르겠습니다. 저는 안 나온 걸로 해 주세요.

그러죠. 항상 있으나마나 한 존재니까요. 그럼 매쓰 변호사 의견 주세요.

도로의 개수를 연구하는 데 일생을 바친 수도로 박사를 증인으로 요청합니다.

곧게 난 수염을 쓰다듬으면서 60대 노인이 증인석으로 들어왔다.

증인은 도로의 지도를 보았지요?

물론입니다.

길이 몇 개 생기죠?

우선 그 전에 같은 것이 있을 때의 순열 공식을 알아야 합니다.

그게 뭐죠?

1, 1, 2 세 장의 숫자 카드가 있다고 해 보죠. 이들을 서로 다르게 세우는 방법은 몇 가지죠?

세 개를 일렬로 세우는 방법이니까 3!=6가지가 되나요?

모두 써 보죠.

1 1 2

1 2 1

2 1 1

어라! 세 가지밖에 안 생기는데요?

바로 그겁니다. 1이 두 번 나왔죠? 이렇게 같은 것이 있을 때는 같은 것이 없을 때 일렬로 세우는 방법의 수를 같은 것의 수의 팩토리얼로 나누어야 합니다.

같은 것의 수는 2개이고 그것의 팩토리얼은 2!이니까 3!을 2!로 나누면…… 아하, 그래서 3가지가 되는군요.

그렇습니다.

가장 빠른 길 찾기 문제는 어떻게 하죠?

예를 들어 문제가 된 도로 지도에서 하나의 길을 그려 보죠.

가로 길로 한 칸 갔다가 세로 길로 두 칸 갔다가 다시 가로 길로 한 칸 갔죠? 이렇게 A와 B를 잇는 가장 짧은 거리는 가로 길을 두 칸 세로 길을 두 칸 움직여야 만들 수 있지요.

이렇게 그림을 그려 모든 가능한 짧은 길을 찾아야 하나요?

규칙을 찾으면 돼요. 가로 길 한 칸을 '가' 라고 하고 세로길 한 칸을 '세' 라고 하면 처음에 내가 선택한 길은 '가 - 세 - 세 - 가' 가 되지요. 그러니까 가 두 개와 세 두 개를 일렬로 세우는 모든 가능한 방법을 찾으면 되죠.

가 가 세 세

가 세 가 세

가 세 세 가

세 가 가 세

세 가 세 가

세 세 가 가

모두 여섯 가지죠? 이것은 4!=24를 같은 것의 수의 팩토리얼인 2!로 두 번 나눈 결과죠. 즉 다음과 같습니다.

$4! \div 2! \div 2! = 6$(가지)

아하! 그런 식으로 같은 것이 있을 때의 순열과 관계되는군요.

그렇습니다.

암튼 우리 수학법정은 대단합니다. 어떤 문제가 와도 다 해결해 주니까요. 이제 의뢰인의 궁금증은 다 해결되었을 거라 봅니다.

순열의 수

n개 중 같은 것이 각각 p개, q개, r개가 있을 때의 이들 n개를 일렬로 배열하는 순열의 수는 $\frac{n!}{p!q!r!}$ 입니다.

예를 들어 a, a, b, b, b, c를 일렬로 배열하는 순열의 수를 구해 볼까요? a가 2개, b가 3개, c가 1개이므로 $\frac{60!}{2!3!1!}$ =60(가지)가 됩니다.

4개의 신호

신호를 나타내는 방법으로
두 개의 등이 필요한 이유는 무엇일까요?

"저 개념 없는 것들 같으니라고!"

"우리 마을을 뭘로 보고 덤비길 덤비냐고?"

"이참에 완전 겁먹게 본때를 보여 줘야 해!"

깡마을 사람들은 오늘도 땅마을 사람들과의 전쟁에 잔뜩 열이 올라 있었다. 두 마을은 하루가 멀다 하고 싸우기로 유명했다.

"니들, 여기 이 금 넘어오지 말랬지?"

"넘어가면 어쩔 건데? 자, 여기 넘어갔다 넘어갔어!"

"이것들이 겁을 상실했나!"

"니들이야말로 우리 무서운 거 깜빡 잊었나 보지?"

오늘도 두 마을 사람들은 정말 아무 일도 아닌 일을 가지고 실랑이를 벌이고 있었다. 오늘 싸움은 땅마을에서 공놀이를 하던 중에 그 공이 깡마을로 넘어가면서 시작되었다. 언젠가부터 경계선을 넘어오는 것을 아주 싫어하게 된 두 마을 사람들은 경계선과 관련된 싸움이 잦아지고 있었다.

"너희 땅이 거기까지면 약속을 지켜야지. 지금 장난해?"

"야, 공이 그쪽으로 간 거지 우리가 그쪽으로 간 건 아니잖아. 공이나 빨리 던져 주시지!"

"무슨 소리야! 이쪽으로 넘어오면 무조건 우리 것이야. 그거 몰라?"

두 마을 사람들의 일상은 싸움으로 시작해서 싸움으로 끝나고 있었다. 두 마을이 처음부터 이렇게 으르릉 거리며 싸운 것은 아니었다. 깡마을은 바다 근처에 있었고, 땅마을은 산에 위치해 있었다. 그래서 두 마을은 서로 도와 가며 살기에 안성맞춤이었다. 땅마을에 없는 것을 깡마을이 가지고 있었고, 깡마을에 없는 것을 땅마을이 가지고 있었다.

"이번에 우리 마을에서 손님을 초대하게 되었는데 깡마을에서 나는 생선 좀 주세요."

"그래요? 그럼 당연히 제일 좋은 걸로 드려야죠. 귀한 손님이신가 봐요."

"네, 우리 마을 이장님이 이번에 큰 프로그램을 계획하고 있는데 정부에서 사람을 내려 보내 준대요."

"어머, 잘되었으면 좋겠네요. 그럼 제일 좋은 생선으로 내일 제시간에 맞춰 보내 드릴게요."

"역시 깡마을은 믿을 만하다니까요. 그럼 부탁드릴게요."

이렇게 깡마을과 땅마을은 서로 도우며 잘 지냈다. 두 마을이 워낙 사이가 좋다 보니 아이들도 서로 어울려 잘 놀곤 했다. 아이들은 방학 때면 각자 서로의 마을에 가서 체험 학습을 해 더 친해졌다.

"이번 방학 때는 깡마을에 먼저 가기로 하자. 지난 방학에는 우리 마을에 와서 산속 체험을 했으니까."

"그래, 그게 좋겠어. 여름이니까 바다 쪽이 더 좋을 것 같아. 완전 흥분되고 신난다."

몇 해 전부터 아이들은 여름방학을 깡마을에서 보내기로 했다. 두 마을 사람들이 친하다 보니 땅마을 어른들도 아이들이 깡마을에 갈 거라는 말에 안심하고 보내 주었다.

"깡마을이니 그곳 어른들이 잘 보살펴 줄 거야. 지난번 깡마을 아이들이 왔을 때 우리가 그랬던 것처럼 말이야."

"아무래도 그렇겠죠. 안 그래도 바쁜데 아이들끼리 어울려서 좋고 우리도 아이들을 어디 데리고 가니 고민 덜어서 좋고. 이웃사촌이 이렇게 좋은 건 줄 이제야 알겠어요."

이렇게 해서 땅마을 아이들은 짐을 챙겨 깡마을로 갔다. 큰아이, 작은아이들이 많이 섞여 있었지만 어른들은 크게 신경 쓰지 않았다. 깡마을 어른들도 너무 바빴던 터라 어른들은 가장 큰아이에게 책임을 맡기고 일터로 향했다.

"유최고, 너가 제일 크니까 아이들 잘 돌보고 있어야 해. 무슨 일 있으면 곧바로 이장님께 연락하고!"

"알았어요. 이제 우리도 어른들이 걱정 안 해도 될 나이예요!"

마을 어른들은 저마다 최고에게 아이들을 맡긴 채 아이들을 통솔해 줄 몇몇 도우미들만 지목해 주고 일터로 나갔다. 바다이다 보니, 사고가 나지 않을까 하는 걱정도 있었다. 하지만 다들 직장이 가까워서 무슨 일이 일어나더라도 금방 달려올 수 있었기에 별다른 걱정은 하지 않았다.

"땅마을 사람들이랑 친하니까 우린 바다에도 맘껏 놀러 올 수 있고 너무 좋아."

"짜식들, 우리 마을이 좀 괜찮긴 하지. 너희들은 복 받은 거라고!"

"우리 마을도 너희 마을 못지않게 좋다는 거 알잖아. 그러니까 이번에는 너희들이 우릴 잘 안내해 주어야지."

"그래, 내가 유일하게 인정하는 우리 마을 다음으로 버금가는 마을이 너희 마을이긴 해."

아이들은 저마다 재잘거리면서 바다로 향했다. 여름이다 보니 여기저기에서 사람들이 많이 놀러와 있었다.

"우아, 사람들이 왜 이렇게 많지? 우리가 서로 잘 챙겨야겠다. 사람들이 많아서 잃어버리면 찾기도 쉽지 않겠어."

"그러게, 유달리 오늘은 관광객이 더 많은 것 같네."

여름이다 보니 많은 사람들이 깡마을을 찾아왔다. 그래서 깡마을의 바다는 평소보다 붐비고 있었다. 긴장한 아이들은 손에 손을 잡고 다녔다. 한참 동안 바다를 돌아다니던 아이들이 이제 돌아갈 채비를 하고 인원 점검을 했다.

"하나, 둘, 셋, 넷, 다섯…… 열아홉."

"어? 왜 한 사람이 비지?"

책임을 맡은 최고가 몇 번이고 인원을 체크했다. 그런데 아무리 숫자를 다시 세어도 한 사람이 비었다. 놀란 최고는 얼른 어른들께 연락을 했다. 어른들이 곧 달려왔고, 모두들 없어진 땅마을 아이를 찾느라 정신이 없었다. 하지만 날이 저물도록 아이는 찾지 못했다. 결국 깡마을 어른들은 땅마을에 연락을 하기로 했다.

"저기, 여기 깡마을인데요, 그 마을에 사는 소란이라는 아이가 없어져서요. 소란이 부모님께서 이 마을로 좀 와 주셨으면 해요."

"네? 뭐라고요? 잘 찾아보셨어요?"

"네, 지금까지 최선을 다해 찾고 있는데, 아이가 보이질 않아서 우선 부모님께 연락은 드려야 할 것 같아서요."

"네, 알았습니다. 당장 달려가지요."

놀란 땅마을 사람들이 우르르 달려왔다.

"아니, 우리 마을에서는 깡마을 아이들을 돌보는 데 정성을 다했습니다. 그런데 아이들을 어떻게 보셨기에 아이가 없어진 거죠?"

"죄송합니다. 우선은 함께 힘을 모아 아이를 찾도록 합시다."

"그러죠, 찾은 다음에 다시 이야기하죠."

땅마을 어른들은 잔뜩 화가 나 있었다. 이렇게 온 마을 사람들이 모여 밤새도록 아이를 찾았다. 이미 소란이네 부모님은 너무 울어서 눈이 소시지만큼 부어 있었다. 시간이 갈수록 어른들의 감정은 격해지고 있었다.

"어떻게 애들만 남겨 두고 일을 나가실 수 있어요? 이건 너무 무책임해요. 너무 하세요들."

"애들 이야기 들어 보니까 소란이가 집중도 안 하고 혼자 돌아다니고 있었다잖아요. 물론 우리 쪽이 백 번 잘못한 것이지만 그래도 너무하신 것 같네요. 우리 쪽에서는 아이들 밥부터 숙제까지 내 일처럼 신경 썼어요."

"애를 잃어버리고도 지금 그런 소리가 나와요? 우린 지금 아이가 없어져서 하늘이 무너지는 심정이라고요."

두 마을 어른들의 감정이 격해지고 있었다. 어른들은 거의 싸움태세에 들어섰고 언성은 하늘 높은 줄 모르고 커져만 갔다. 어른들은 아이를 찾아야 한다는 생각보다 서로에게 서운함이 더해 가고 있었다. 그러던 와중에 어른들의 분위기가 심상치 않음을 눈치 챈 아이들이 서서히 소란이를 다시 찾아 나섰다. 얼마쯤 시간이 지났을까. 해변 끝 바위 밑에서 자고 있던 소란이를 아이들이 발견했다. 소란이는 자기 때문에 무슨 일이 벌어졌는지도 모르고 한참 달게 잔 뒤 일어났다. 아이를 찾은 땅마을 어른들은 깡마을 어른들과 크게 한판 싸우게 되었다.

그 후로 두 마을은 서로 쳐다보지도 않게 되었다. 그렇지만 도무지 싸우면서 서로에게 뱉은 말들이 잊혀지지 않았던 두 마을 사람들은 볼 때마다 으르렁거리게 되었다. 그러다가 결국엔 두 마을이 경계를 정해서 절대로 얼씬도 못하게 해 버렸다. 처음에는 경계만을 정했다. 그러나 발끝이라도 넘어오는 것이 싫었던 두 마을에서는 결국 보초를 세워 경비를 서게 했다. 경비를 세울 계획을 짠 것은 땅마을이 먼저였다.

"우선 산 위에 보초를 세워서 깡마을 사람들이 이쪽으로 조금이라도 얼씬거리면 아래로 돌을 던지기로 합시다."

"그래요, 우리 소란이를 잃어버릴 뻔한 일만 생각하면 지금도 속이 다 울렁거려요."

땅마을 사람들은 산 위에 경비를 세워 깡마을 사람들이 오면 산 아래에 신호를 보내기로 했다. 빨간 등을 보이면 아무도 얼씬하지 않는다는 의미였고, 노란 등은 깡마을 사람이 경계선에 접근해 오기 시작한다는 것이었고, 초록 등은 돌을 준비하라는 의미였고, 마지막으로 파란 등은 돌을 던지라는 것이었다.

그런데 이장님이 꼭 4개의 등이 다 필요한지에 대한 의문을 제기하고 나섰다. 사람들은 이장님이 그렇게 말하자 모두들 긴가민가하는 듯한 표정을 지었다. 하지만 한시가 급했던 사람들은 이 일을 수학법정에 의뢰하기로 했다.

네 개의 등으로 만들 수 있는 신호의 가짓수는
4^2으로 16가지입니다.

4가지 색깔의 등이 필요할까요?
수학법정에서 알아봅시다.

재판을 시작합니다. 먼저 수치 변호사부터 의견을 말해 주세요.

지금 신호의 종류는 4가지입니다. 이것을 구별하기 위해서는 당연히 네 개의 서로 다른 색깔을 가진 등이 필요하겠지요. 그런데 이장은 왜 쓸데없이 문제 제기를 하는지 도무지 이해가 안 되는군요.

매쓰 변호사의 의견은요?

두 개의 서로 다른 색깔의 등만 있으면 됩니다.

왜죠? 명령의 종류는 4가지잖아요?

예를 들어 두 개의 등을 빨간 등과 파란 등으로 사용하죠. 그럼 등은 두 상태 중 하나가 되죠. 켜진 상태 또는 꺼진 상태가 되는 것이죠.

그렇지요.

이를 이용하면 두 개의 등으로 네 개의 신호를 만들 수 있습니다.

어떻게 만들죠?

지금 신호의 종류는 아무도 얼씬하지 않는다는 의미, 깡마을 사람이 경계선에 접근해 오기 시작한다는 것, 돌을 준비하라는 의미, 돌을 던지라는 신호까지 네 종류입니다. 이것은 다음과 같이 정리할 수 있습니다.

정말 두 개의 등으로 가능하군요.

물론입니다. 두 개의 등을 껐다 켰다 해서 만들 수 있는 신호의 가지 수는 $2^2=4$가지가 되고, 3개의 등을 껐다 켰다 해서 만들 수 있는 신호의 가지 수는 $3^2=9$가지가 되지요.

정말 재미있는 공식입니다. 아무튼 신호를 나타내는 방법은 두 개의 등만으로도 충분하다는 결론을 내립니다. 더불어 두 마을의 화해를 위해 일반 법정에 두 마을의 중재 조정 신청을

할 테니 두 마을은 더 이상 싸우지 말고 사이좋게 지내기 바랍니다.

무기명 투표 시 경우의 수

두 후보자에게 세 명의 유권자가 무기명 투표를 할 때 나타나는 모든 경우의 수를 구해 봅시다.

세 유권자의 이름을 A, B, C라 하고 두 후보를 a, b라 하자.
유권자 A가 쓸 수 있는 모든 경우의 수는 a, b의 2가지
유권자 B가 쓸 수 있는 모든 경우의 수는 a, b의 2가지
유권자 C가 쓸 수 있는 모든 경우의 수는 a, b의 2가지
그러니까 전체 경우의 수는 $2\times2\times2=2^3$(가지)가 됩니다.
즉 2개에서 3개를 뽑는 중복 순열의 수인 ${}_2\Pi_3=2^3=8$(가지)이 되는 것이죠.

수학성적 끌어올리기

순열

a, b, c, d, e에서 3개를 뽑아 배열하는 방법의 수를 구해 봅시다.

서로 다른 5개에서 3개를 택하는 순열의 수이므로 $5 \times 4 \times 3 = 60$(가지)입니다. 또 다른 예를 들어 볼까요? 1, 2, 3을 배열하는 방법의 수를 구해 보도록 하죠.

역시 서로 다른 세 개에서 3개를 택하는 순열의 수이므로 $3 \times 2 \times 1 = 6$(가지)입니다. 이때 $3 \times 2 \times 1$을 $3!$(팩토리얼)이라고 씁니다.

왜 이렇게 계산되는지 알아보도록 합시다. 예를 들어 3명이 있다고 가정했을 때 각각의 이름은 A, B, C이고 이 세 사람 중 두 사람을 택해 일렬로 세우는 방법을 모두 조사해 봅시다.

A-B, A-C, B-A, B-C, C-A, C-B

6가지 방법이 있지요? 이것을 다음과 같이 생각해 봅시다.

다음과 같은 2개의 빈 의자가 있다고 했을 때

수학성적 끌어올리기

A, B, C 세 명 중 두 명을 이 빈 의자에 앉히는 경우의 수를 구해 보도록 합시다. 먼저 첫 번째 의자에는 A, B, C 세 명 모두 누구나 앉을 수 있겠지요?

그러니까 첫 번째 의자에 앉히는 방법의 수는 3가지입니다. 그럼 두 번째 의자에 앉히는 방법의 수를 봅시다.

이미 한 사람은 첫 번째 의자에 앉았으니까 두 번째 의자에 앉을 수 있는 사람은 첫 번째 의자에 앉은 사람을 제외한 나머지 두 명 중 한 사람입니다. 그러니까 3에서 1이 줄어든 가짓수가 됩니다. 그러니까 전체 경우의 수는 $3 \times 2 \times 1 = 6$(가지)가 되는 것이죠.

수학성적 끌어올리기

수학성적 끌어올리기

중복 순열

1, 2, 3에서 중복을 허락하여 두 자릿수를 만들 때 가능한 경우를 따져 봅시다.

두 자릿수는 다음과 같이 두 개의 빈칸을 □로 채우면 되겠지요?

□ □

첫 번째 빈칸에는 뭐가 올 수 있을까요? 1, 2, 3 중 하나가 올 수 있습니다. 그러므로 첫 번째 빈칸을 채우는 방법의 수는 3가지입니다. 다음 두 번째 빈칸에 올 수 있는 수는 뭐가 될까요? 중복이 허락되니까 첫 번째 빈칸에 쓰인 숫자가 다시 나타나게 됩니다. 그러니까 1, 2, 3 중 하나가 가능한 셈이죠. 두 번째 빈칸을 채우는 방법의 수 역시 3가지입니다. 따라서 전체 경우의 수는 $3 \times 3 = 3^2$(가지)가 됩니다.

같은 것을 포함하는 순열

1, 1, 2를 일렬로 세우는 모든 경우를 봅시다.

1, 1, 2　　　　　1, 2, 1　　　　　2, 1, 1

즉 3가지가 나옵니다. 만일 두 개의 1을 1_1, 1_2로 다르게 생각하면 가능한 모든 경우는

1_1, 1_2, 2　　　　　1_1, 2, 1_2　　　　　2, 1_1, 1_2
1_2, 1_1, 2　　　　　1_2, 2, 1_1　　　　　2, 1_2, 1_1

의 6가지가 됩니다. 그러니까 3!를 1_1,1_2를 배열하는 순열의 수인 2!로 나눠 주어야 1_1,1_2를 같은 1로 생각할 때의 순열의 수가 얻어지게 되죠.

원순열

서로 다른 n개를 원형으로 배열하는 것을 '원순열'이라고 하는데 서로 다른 n개를 원형으로 배열하는 방법의 수는 $\frac{n!}{n} = (n-1)!$ 입니다.

수학성적 끌어올리기

왜 그런지 예를 들어 볼까요? A, B, C명을 원탁에 앉히는 방법을 알아보도록 합시다. 원탁에 의자 세 개를 준비해야겠지요? 얼핏 보면 6가지로 보일 수가 있습니다.

하지만 원탁을 돌려 보면 똑같은 경우가 생기게 되는데 그 경우의 수가 3가지입니다. 그러므로 6가지를 3으로 나눈 경우가 서로 다른 경우의 수에 해당하므로 $\frac{3!}{3} = 2! = 2$(가지)가 됩니다.

제3장

조합에 관한 사건

조합 – 6대 관광 도시의 왕복 티켓

토너먼트와 조합 – 8일간의 야구 경기

조합과 도형 – 사각형의 개수

6대 관광 도시의 왕복 티켓

여섯 도시의 왕복 티켓을 15장의 비용으로
만들 수 있을까요?

볼거리가 풍부한 것으로 유명한 관광국, 볼그리국에는 특히 유명한 6대 관광 도시가 있었다.

그 첫 번째 도시는 다크시티이다. 이 도시는 낮이 찾아오지 않는 이상한 현상을 가진 곳이었다. 낮이나 밤이나 계속 캄캄하기만 해 그 도시 사람들은 24시간 동안 어둠 속에서 지내야만 했다.

어떤 사람들은 다크시티를 두고 이렇게 말할지도 모른다.

"어떻게 빛이 없는 곳에서 하루 종일 생활해? 햇빛이 들지 않으면 형광등 불이라도 밝히면 되잖아?"

그러나 그것은 다크시티를 몰라서 하는 소리였다. 다크시티는 높은 산악 지대에 위치해 있기 때문에 전기도 들어오지 않았다.

사실 이런 다크시티가 존재한다는 것은 일반적인 우리의 상식으로는 좀처럼 믿기 힘든 일이었다. 그래서 사람들은 다크시티의 실존 여부를 자신의 두 눈으로 직접 확인하기 위해 다크시티로 몰려들었다.

다크시티에 사는 왕진이 씨는 잠에서 깨어날 때마다 이 같은 랩을 흥얼거렸다.

"예…… 예…… 동짓달 기나긴 밤! 오예! 한 허리 싹둑 잘라 내어! 예! 예! 아침 이불 속에! 오! 오! 꽁꽁 숨겨 두고 싶구나! 오! 오! 옙, 베에베!"

아침잠이 많은 왕진이 씨는 동짓달 기나긴 밤을 아침으로 가져와 계속 잠을 자고 싶어 했다. 지금은 다크시티로 이사와 그 소원을 성취했다. 왕진이 씨는 원래 음악이 넘쳐나는 뮤직시티에 살았는데 다크시티를 한 번 방문한 뒤, 그 매력에 빠져 당장 이사해 버렸다.

왕진이 씨가 살았던 뮤직시티는 볼그리국의 6대 관광 도시 중 그 두 번째 도시이다.

뮤직시티는 항상 음악과 춤이 넘쳐나는 도시였다. 뮤직시티의 유치원에서부터 대학에 이르기까지 모든 교과 과정은 춤과 음악으로 구성되어 있었다. 뮤직시티에서는 어디를 가나 음악 소리가 들려왔다. 심지어 정숙해야 할 도서관에서조차도 음악은 멈추지 않았다.

뮤직시티에 오면 누구든지 음악에 질리도록 취해 돌아갈 수 있었다. 때문에 음악을 좋아하거나 음악을 하고 싶은 사람들이 뮤직시티를 즐겨 찾았다.

볼그리국의 세 번째 관광 도시는 바로 스위트시티였다. 스위트시티에는 도시 이름처럼 달콤한 것들이 아주 많았다. 초콜릿으로 지어진 집, 사탕 버스, 마시멜로 침대, 초콜릿 우유 폭포, 과자로 만든 컴퓨터 등등 스위트시티의 모든 것들이 전 세계의 어린이들을 유혹했다.

"엄마, 정말 스위트시티라는 곳이 있어요?"

한 아이가 책에 나온 스위트시티를 가리키며 물었다.

"그럼, 볼그리국이라는 곳에 스위트시티가 있단다."

"정말요? 엄마! 스위트시티에 가 보고 싶어요. 데려다 주세요! 네?"

"그곳까지 가려면 차비가 많이 들어."

"그래도 가 보고 싶어요!"

아이는 좀처럼 고집을 꺾지 않았다.

"좋아! 그럼 네가 이번 시험에서 100점을 받는다면 데려가 줄게."

"정말요? 야호!"

이렇게 스위드시티는 아이들을 공부하도록 유인하는 당근 역할도 톡톡히 해냈다.

볼그리국의 네 번째 관광 도시는 스노시티였다. 이 도시에는 1년 내내 눈이 녹지 않아 눈을 즐기려는 사람들이 몰려들었다.

"여보, 왜 가까운 스키장을 놔두고 굳이 스노시티까지 가려는 거예요?"

스노시티로 향하는 비행기에 올라탄 부인이 남편에게 물었다.

"당신도 가 보면 다른 스키장은 가고 싶지 않을 거요. 스노시티의 눈은 아주 깨끗해서 그냥 집어먹을 수 있거든. 어디 그뿐인 줄 아시오? 스노시티에는 빨강, 주황, 노랑, 초록, 파랑, 남색, 보라 등 여러 색의 눈이 쌓여 있단 말이오. 허허허."

남편은 부인에게 너털웃음을 지어 보였다. 남편은 아내에게 멋진 스노시티를 보여 줄 생각에 한껏 들뜬 모양이었다. 남편의 말을 들은 부인은 갑자기 얼른 스노시티에 가고 싶어졌다.

볼그리국의 다섯 번째 관광 도시는 미니시티였다. 미니시티 안에 있는 것들은 도시 이름처럼 아주 작았다.

미니시티에 살고 있는 사람들의 평균 신장은 1미터였다. 미니시티에서 가장 크다는 롱다리 씨의 키가 120센티미터라니 정말 놀라운 일이 아닐 수 없다. 사람들이 워낙 작다 보니 사용하는 물건들도 작을 수밖에 없었다. 집, 학교, 버스, 의자, 책상, 도서관, 숟가락, 젓가락 모든 것들이 작았다. 사람들은 이렇게 작고 귀엽고 아기자기한 미니시티를 보기 위해 미니시티로 몰려들었다.

볼그리국의 여섯 번째 관광 도시는 우가시티이다. 우가시티는 최근 한 탐험가에 의해 발견되었는데, 인류의 원시 시대 모습을 그대로 옮겨 놓은 듯했다. 볼그리국 정부에서는 이 같은 우가시티를 헤치지 않고 보호하기 위해 많은 노력을 기울였다. 그 정책의 일환으로 관광객을 일정한 수 이하로 제한하고 있는데, 그러한 제약 때문에 관광객들이 더욱 가 보고 싶어 하는 도시가 되었다.

볼그리국의 왕은 볼그리국의 이 같은 관광 도시들을 항상 자랑스럽게 생각하고 있었다. 그러던 어느 날, 볼그리국의 홈페이지 게시판에 이 같은 글이 올라왔다.

ID: 볼사모

존경하는 볼그리국 왕이시여!

우리 볼그리국에는 6개의 유명 관광 도시가 있습니다. 하지만 여러 관광객들은 그 6개 도시를 자유롭게 왕복할 수 있는 기차 편이 없어 많은 불편을 겪고 있습니다.

볼그리국을 사랑하는 국민의 한 사람으로서 볼그리국 왕에게 간청 드립니다. 6개의 관광 도시를 자유롭게 왕복할 수 있는 왕복 기차 편을 만들어 주십시오.

게시판의 글을 읽은 볼그리국 왕은 자신이 가장 아끼는 오른팔 대신을 불렀다.

"오 대신, 볼그리국의 게시판에 이 같은 글이 올라왔더이다. 지금 당장 기차역에 연락을 취해 6개 도시를 연결하는 왕복 기차 편을 개통하라 이르시오. 단 그 비용은 최소한이 되도록 하시오."

오른팔 대신은 볼그리국 왕의 지시가 떨어지기 무섭게 기차역으로 연락을 취했다.

"따르르릉, 따르르릉."

"감사합니다. 항상 편하게 모시는 기차역입니다."

"수고 많으십니다. 여기는 볼그리국 왕실입니다."

"아, 네! 오 대신님 아니십니까?"

"맞습니다. 오늘 폐하께서 볼그리국의 6개 관광 도시를 연결하는 기차 편을 최소한의 비용으로 개통하라 명하셨습니다. 빠른 시일 내에 개통해 주십시오."

"예! 알겠습니다."

기차역의 역장은 6개의 관광 도시를 연결하기 위한 기차 편을 구상해 보았다. 6개 관광 도시를 연결하는 기차 편을 구성하기 위해서는 총 30개의 왕복 티켓을 생산해야 했다. 계산을 마친 역장은 볼그리국의 왕실로 전화를 걸었다.

"따르르릉, 따르르릉."

"네, 오 대신입니다."

"오 대신님, 저는 역장입니다."

"아, 네. 일은 잘 진행되어 가고 있습니까?"

"네! 계산 결과 총 30개의 왕복 티켓을 생산해야 할 것 같습니다. 그에 따른 비용을 지원해 주십시오."

"역장, 왕실 심의실의 계산에 따르면 총 15개의 왕복 티켓만 있으면 된다는구려. 우리는 15개 왕복 티켓을 생산할 수 있는 비용만 지불하겠소!"

"말도 안 됩니다. 15개의 티켓으로는 어림도 없습니다."

"역장, 지금 왕실을 능멸하는 건가?"

"그게 아니라…… 왕복 티켓은 30장이 있어야만 합니다."

"우리의 계산이 틀림없으니 15장의 비용만 지불하겠소. 그 돈으로 다음 주까지 기차를 개통시키시오!"

오 대신은 자신의 할 말한 한 뒤 전화를 끊어 버렸다. 역장은 15장의 왕복 티켓만 생산할 수 있는 비용으로 어떻게 30장의 왕복 티켓을 생산해야 할지 막막하기만 했다.

해결책을 찾지 못한 역장은 점점 초조해지기 시작했다. 왕이 명령한 일을 제대로 수행하지 못했다가는 해고될 것이 불 보듯 뻔했기 때문이다.

결국 역장은 억지 요구로 자신을 궁지로 내몬 오른팔 대신을 수학법정에 고소해 버렸다.

왕복 티켓은 출발지와 목적지를 구별할 필요가 없으므로
여섯 개의 도시 중에서 두 도시를 뽑는 경우의 수를
구하면 됩니다.

6대 도시의 왕복 티켓은 몇 장이면 될까요?

수학법정에서 알아봅시다.

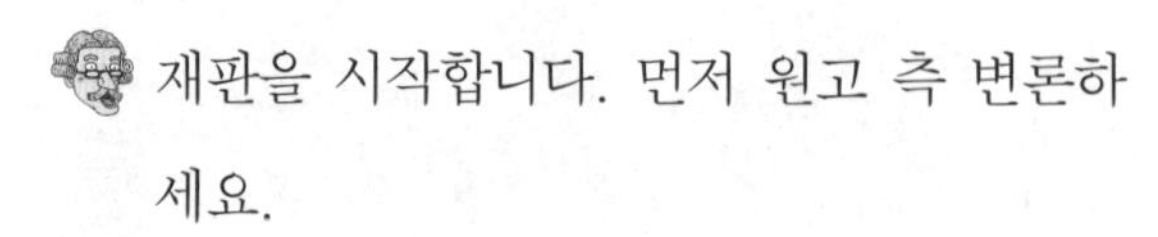

재판을 시작합니다. 먼저 원고 측 변론하세요.

6개의 도시가 있습니다. 그리고 기차표는 이중 두 도시를 나타냅니다. 그럼 하나의 도시에서 자신의 도시로 가는 기찻길은 필요 없으니까 다섯 개의 도시로 가는 기차표가 필요하겠죠? 그러므로 6개 도시 모두에 대해 기차표를 만들면 $6 \times 5 = 30$(가지)의 기차표가 필요합니다. 그런데 15개의 티켓만 만들라니요? 이건 말도 안 되는 처사입니다.

그럼 피고 측 변론하세요.

조합 연구소의 김조합 씨를 증인으로 요청합니다.

노란 머리로 염색한 30대의 남자가 증인석으로 들어왔다.

증인이 하는 일은 뭐죠?

저는 뽑기를 할 때 경우의 수에 대한 연구만 합니다.

그게 무슨 말이죠?

예를 들어 1, 2라는 두 장의 카드가 있어요. 여기서 두 장을 서

로 다르게 뽑는 경우의 수는 몇 가지죠?

그야 한 가지죠.

그렇습니다. 만일 두 장의 카드를 일렬로 세우면 1, 2와 2, 1이 달라지지만 단지 뽑기만 하는 경우는 둘을 구별할 필요가 없어 한 가지가 되는 거죠.

그렇군요. 뽑기만 하는 경우의 수에 대해 좀 더 자세히 말씀해 주시죠.

1, 2, 3 세 숫자 카드에서 두 개를 뽑아 일렬로 세우는 경우는 모두 몇 가지죠?

$3 \times 2 = 6$(가지)이지요.

모두 써 보면

1 2 1 3 2 1 2 3 3 1 3 2

가 되지요? 이걸 다음과 같이 써 보죠.

1 2 1 3 2 3

2 1 3 1 3 2

위아래에 있는 두 경우는 모두 같은 두 숫자들을 뽑은 경우죠?

그렇군요.

조합

서로 다른 n개에서 순서를 따지지 않고 n개에서 r개를 뽑는 것을 '조합'이라 하고 $_nC_r$으로 나타냅니다.

$$_nC_r=\frac{n(n-1)\cdots(n-r+1)}{r!}$$

$$=\frac{n!}{r!(n-r)!}\ 60\ (\text{단 } 0\leq r\leq n)$$

[예] $_5C_2=\frac{5\cdot 4}{2\cdot 1}$

$_6C_3=\frac{6\cdot 5\cdot 4}{3\cdot 2\cdot 1}$

$_7C_4=\frac{7\cdot 6\cdot 5\cdot 4}{4\cdot 3\cdot 2\cdot 1}$

그러니까 전체 경우의 수를 2로 나누어야 합니다. 그래서 3가지가 되죠. 그러니까 3개 중에서 2개를 뽑기만 하는 경우는 다음과 같이 계산하면 됩니다.

$$(3\times 2)\div(2\times 1)$$

그렇다면 4개 중에서 3개를 뽑기만 하는 경우는요?

그것도 간단합니다. $(4\times 3\times 2)\div(3\times 2\times 1)$이 되지요.

정말 간단하군요. 그럼 왕복 티켓 문제는 어떻게 되죠?

왕복 티켓은 출발지와 목적지를 구별할 필요 없이 여섯 개의 도시 중에서 두 도시를 뽑기만 하는 경우의 수입니다. 그러므로 $(6\times 5)\div(2\times 1)=15$(가지)가 되지요.

그럼 오른팔 대신의 말이 맞군요.

그런 셈이죠.

판결합니다. 이번 사건은 역장의 고소가 아무 의미가 없군요. 15장의 비용이면 여섯 도시의 왕복 티켓을 모두 만들 수 있다는 것이 입증되었으니까요. 그렇죠?

8일간의 야구 경기

토너먼트와 풀리그는 어떻게 다를까요?

지구본을 한참 돌리다 보면 적도 근처쯤에 눈에 보일 듯 말 듯한, 아니 얼핏 봐서는 눈에 보이지도 않는 나라가 하나 나타난다. 그 나라는 다름 아닌 스폴츠국이다.

스폴츠국에서는 매년 야구, 농구, 축구, 배구 등의 스포츠 대회가 열리는데 이번 달은 야구 대회가 열리는 달이다. 야구 운영 위원회의 위원들은 야구 대회를 준비하느라 분주한 나날을 보내고 있었다.

"파우르 위원, 대회 준비는 순조롭게 잘 진행돼 가고 있겠지요?"

야구 운영 위원회 위원장 호우런 씨가 파우르 씨에게 물었다.

"네, 위원장님. 이번 야구 대회에는 총 8개의 야구 팀이 참여하기로 했습니다."

파우르 씨가 자신의 수첩을 뒤적거리며 말했다.

"그래요? 생각보다 적은 숫자군요. 대회 방식은 늘 하던 대로 토너먼트식이겠지요?"

"그렇습니다, 위원장님."

"이번 대회는 국왕 폐하께서 전 경기를 관람하신다 하니 대회 운영에 각별한 주의를 기울여 주십시오."

"그 말이 정말입니까?"

파우르 씨가 놀란 토끼 눈을 하고 물었다.

"그렇습니다. 야구의 인기가 점점 식어 가는 것을 보다 못한 국왕 폐하께서 야구 경기 활성화를 위해 친히 나서시는 것입니다. 그러니 모든 면에서 미흡함 없는 완벽한 대회를 치러 내도록 다 같이 노력해야 합니다."

"네! 알겠습니다."

파우르 씨는 큰 소리로 대답하고 분주하게 움직이기 시작했다.

스폴츠국에서는 1월에서 12월까지 다양한 스포츠 대회가 열린다. 그중 6월이 야구 대회가 열리는 달인데 지금이 바로 6월이다.

처음 야구 대회가 열렸을 때 사람들의 반응은 가히 열광적이었다. 야구 대회가 열리는 6월이면 거리에서 사람들을 찾아보기 힘들었는데 스폴츠국의 국민들이 모두 야구장으로 몰려들기 때문이었다. 야구장은 넘치는 사람들로 발 디딜 틈이 없었고, 선수들은 그 관중들의 함성에 힘입어 더 멋진 경기를 펼쳐 보였다. 그 당시 야구 대회에 참여하는 팀은 수십 개나 되었는데 한 달 동안 경기를 열심히 치러도 그 경기가 끝나지 않아 7월까지 이어지곤 했다.

7월에 열리는 농구 대회는 이 같은 야구 대회의 인기로 인해 그 손해가 이만저만이 아니었다. 야구 대회가 7월까지 이어지게 될 때면 사람들이 야구 대회를 관람하느라 농구 대회장은 찾지 않았기 때문이다.

농구 운영 위원회에서는 이 같은 난관을 극복하기 위해 뼈를 깎는 고통을 감수해 냈다. 농구 운영 위원회에서는 매 경기마다 이벤트를 열어 관중들의 환심을 샀고, 농구 선수들의 기량도 쇄신시켜 농구장을 찾은 관중들이 경기에서 눈을 뗄 수 없게 만들었다.

농구 운영 위원회의 이 같은 혁신은 오늘날 야구 대회가 맥을 못 추도록 만들었다. 사람들은 점차 멋진 덩크슛을 볼 수 있는 농구 경기장으로 발걸음을 옮겼고, 땡볕 아래에서 길고 지루한 경기가 열리는 야구장은 외면하기 시작했다.

야구 운영 위원회 위원장 호우런 씨는 이번 기회에 야구 대회의 명성을 되찾고 말겠다며 의욕을 불태우고 있었다.

"파우르 위원! 파우르 위원!"

호우런 씨가 급하게 파우르 씨를 찾았다.

"네! 위원장님!"

분주하게 움직이던 파우르 씨가 그 소리를 듣고 호우런 씨 앞으로 뛰어갔다.

"무슨 일이십니까?"

"아니, 이것 좀 보세요. 대회 날이 코앞으로 다가왔는데 아직 중계 방송사와 계약도 맺지 않았군요! 어떻게 된 일입니까?"

호우런 씨는 한껏 열을 내며 파우르 씨에게 호통을 쳤다. 중계 방송사와 계약 맺는 일을 깜빡하고 있었던 파우르 씨는 당황하며 어쩔 줄 몰라 했다.

"죄…… 죄송합니다! 위원장님! 지금 당장……."

"파우르 위원! 국왕 폐하께서 오십니다. 계속해서 이런 식으로 엉성한 대회를 열었다간 야구 대회가 12대회에서 쥐도 새도 모르게 퇴출될 겁니다. 정신 똑바로 차리세요!"

단단히 화가 난 호우런 씨는 파우르 씨가 말을 끝내기도 전에 다시 언성을 높였다. 호우런 씨의 호통에 기가 팍 죽은 파우르 씨는 힘없이 발걸음을 옮겼다. 전화기 앞에 앉은 그는 중계 방송사로 전화를 연결하기 시작했다.

"따르르릉, 따르르릉."

"네, 중계 방송사입니다."

"여기는 야구 운영 위원회입니다. 사장님 안 계십니까?"

파우르 씨는 일이 다급한 만큼 방송사 사장과 직접 통화하길 원했다.

"제가 사장입니다만……."

"네?"

파우르씨는 사장이라는 말에 화들짝 놀라며 자세를 고쳐 잡고 앉았다.

"아, 안녕하십니까? 몰라 뵈었습니다. 전화 드린 용건은 이번 달에 있을 야구 대회 중계를 부탁드리기 위해서입니다. 이번 대회에는 국왕 폐하께서도 관람한다 하시니 특별히 신경을 써 주십시오."

"국왕 폐하께서요? 알겠습니다. 대회는 며칠 동안 진행될 예정입니까?"

미처 거기까지 생각지 못한 파우르 씨는 당황했다. 파우르 씨는 자신의 두뇌를 최대한 빠르게 돌려 보았다.

'8개 팀이 참여하니까…… 뭐지? 뭐야! 에이, 모르겠다!'

"하루에 두 팀씩 8일 동안 진행될 예정입니다."

두뇌 회전이 빠르지 못한 파우르 씨는 결국 계산도 해 보지 않고 아무렇게나 대답해 버렸다.

"야구의 인기가 정말 예전 같지 않은가 보군요. 5년 전에는 한 달 동안 대회를 치러도 대회가 끝나지 않을 만큼 대회가 컸는데 말이죠. 아무튼 알겠습니다. 그러면 중계 계약은 하루에 두 팀씩 8일 동안 진행되는 걸로 하겠습니다."

그렇게 해서 광고 전단지와 방송사 프로그램 시간표에 야구 대회가 하루 두 경기씩 8일 동안 진행된다고 표시되었다. 물론 국왕 폐하께 전달된 초대장에도 야구 대회가 하루 두 경기씩 8일 동안 진행될 것이라고 표기됐다.

그런데 다음 날, 호우런 씨가 더욱 격양된 목소리로 파우르 씨를 찾아왔다.

"파우르 위원! 파우르 위원!"

나름대로 분주하게 움직이던 파우르 씨가 호루런 씨 앞으로 뛰어왔다.

"네! 위원장님! 무슨 일이십니까?"

파우르 씨는 자신이 또 무슨 잘못을 한 것인지 불안해하며 말했다.

"파우르 위원! 이 일을 어떻게 할 겁니까? 광고 전단지와 방송사 프로그램 시간표에 하루에 두 경기씩 8일 동안 진행된다는 이 문구! 심지어 국왕 폐하께 전달된 초대장에도 이렇게 기록했다면서요?"

호우런 씨가 이렇게까지 흥분한 모습은 생전 처음 보는 것이었다. 당황한 파우르 씨는 기어 들어가는 목소리로 말했다.

"그게 무슨 문제라도……."

"아니! 지금 그걸 말이라고 합니까? 아무리 계산해 봐도 8개 팀이 하루 두 경기씩 8일 동안 경기를 치를 수 없어요! 그렇게 되려면 총 16경기가 치러져야 하는데 실질적으로는 그만한 경기가 치러질 수 없습니다. 3, 4위전을 추가한다 해도 총 경기는 8경기밖에 안 된

단 말입니다!"

호우런 씨의 말을 들은 파우르 씨는 그제야 자신이 사고를 쳐도 단단히 쳤음을 깨닫게 되었다.

"당장 이 일을 해결하고 오세요! 만약 그렇지 못할 경우 당신은 해고입니다!"

대형 사고를 친 파우르 씨는 호우런 씨에게 부당하다고 어떤 항의의 말도 꺼내 놓을 수가 없었다. 어찌할지를 몰라 우왕좌왕하던 파우르 씨는 수학법정으로 가서 정녕 8개의 팀으로 하루 두 경기씩 8일 동안 진행되는 경기를 만들 수 없는 것인지 의뢰하게 되었다.

경기의 수를 맞추기 위해서는
풀리그와 토너먼트를 적절히 조합해야 합니다.

8개의 팀으로 하루 두 경기씩 8일 동안 진행되는 경기를 만들 수 있을까요?

수학법정에서 알아봅시다.

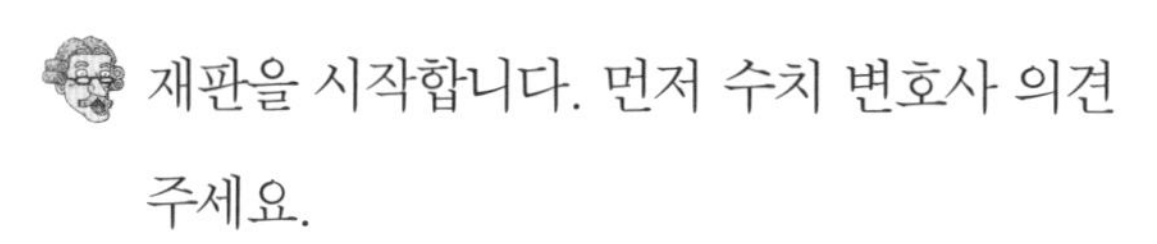

재판을 시작합니다. 먼저 수치 변호사 의견 주세요.

대충 한 팀이 하루에 맘에 드는 팀 두 팀씩을 정해서 경기하면 되는 거 아닌가요? 그럼 8일이면 되잖아요?

변론을 너무 대충하는 거 아닙니까?

너무 깊게 생각하는 것만이 좋은 것은 아니잖아요?

헉! 매쓰 변호사 변론 주세요.

경기수 연구소의 이경기 박사를 증인으로 요청합니다.

K마크가 선명하게 새겨진 모자를 쓴 30대 남자가 증인석으로 걸어 들어왔다.

증인이 하는 일은 뭐죠?

모든 대회의 경기 수를 헤아리는 연구를 하고 있습니다.

대회 방식에는 어떤 게 있죠?

한 번 지면 탈락하는 토너먼트 방식이 있고 모든 팀과 상대하는 풀리그 방식이 있습니다.

토너먼트로 하면 경기 수가 어떻게 되죠?

8팀이 토너먼트를 벌이면 경기 수는 7경기가 됩니다.

그건 왜죠?

지는 팀을 생각하면 됩니다. 무조건 한 경기에서 지는 팀이 한 팀 발생하잖아요? 그러므로 한 번도 지지 않은 우승 팀을 제외하면 7팀이 7번의 경기를 통해 탈락하지요. 그래서 7경기가 됩니다.

그럼 경기 수가 너무 적군요. 하루에 두 경기씩 8일을 하려면 16경기가 필요한데요. 그럼 풀리그로 경기를 치르려면 몇 경기가 필요하죠?

그것은 8팀 중에서 두 팀을 뽑기만 하는 경우의 수입니다. 그러므로 8×7을 2×1로 나눈 28경기가 필요하죠.

그건 또 너무 많군요. 그럼 16경기를 치를 수 있는 방법은 없나요?

풀리그와 토너먼트를 섞으면 됩니다.

어떻게요?

우선 8개의 팀을 두 개의 조로 나눕니다. 그리고 각조는 풀리그를 벌이지요. 4개의 팀이 풀리그를 하는 경우의 수는 4개 중에서 2개를 택하는 경우의 수인 6가지이고 이것이 두 조이므로 예선 두 조의 경기 수는 12경기가 되지요. 이 방법으로 각 조 1, 2위 팀이 올라가 4강 토너먼트를 벌이고 3, 4위전을 치르면 다시 4경기가 추가되므로 전체 경기 수는 16경기가 되죠.

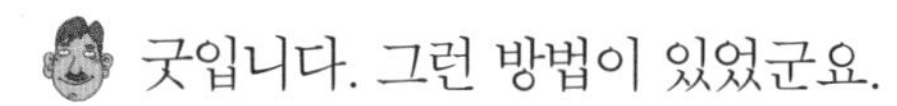

굿입니다. 그런 방법이 있었군요.

그럼 이경기 박사의 방법대로 예선 두 조는 풀리그로, 그리고 각조 1, 2위 팀은 토너먼트로 하며 3, 4위전을 반드시 치를 것을 판결합니다.

조합과 순열

출석 번호가 1, 2, 3인 세 명이 있습니다. 이중 2명을 뽑는 방법의 수를 '조합'이라고 합니다. 그럼 2명을 뽑는 방법에는 몇 가지가 있을까요? 다음과 같은 3가지 방법이 있습니다.

(1, 2) (1, 3) (2, 3)

조합은 순열과는 달리 (1, 2)를 뽑은 경우나 (2, 1)을 뽑은 경우는 같은 경우로 인정합니다.

그러니까 3명 중 2명을 뽑는 조합의 수는 $_3C_2=3$(가지)인 셈이죠. 그럼 어떤 때 조합을 쓸까요?

예를 들어 영심이, 하니, 길동이 세 명 중 반장, 부반장을 뽑는 경우는 $3\times2=6$ 가지가 있습니다. 이번에는 영심이, 하니, 길동 중 2명을 뽑아 당번을 만드는 방법을 살펴볼까요? 길동이와 하니가 당번이 되나 하니와 길동이가 당번이 되나 마찬가지이므로 3가지 경우로 줄어들게 됩니다. 이런 경우에는 $_3C_2=3$(가지)가 되는 것이죠.

사각형의 개수

고질라 군이 모든 사각형의 개수를
빠르게 셀 수 있었던 이유는 무엇일까요?

어린이 방송국에서는 '퀴즈 자랑' 이라는 프로그램이 생방송으로 진행되고 있었다. 이 프로그램은 초등학교 3학년에서 6학년에 이르는 어린이들이 나와 퀴즈 문제를 푸는 것으로 가장 높은 점수를 획득한 어린이에게 컴퓨터를 선물로 주었다.

이번 주 예선을 통과하고, '퀴즈 자랑' 에 참여하게 된 어린이는 3학년 고질라 군, 5학년 이쁜 양, 6학년 나반장 군이었다.

이중에서 가장 어린 고질라 군은 초등학교 3학년 학생 같지 않은 거대한 덩치를 지니고 있었다. 고질라 군은 같은 또래 친구들에 비해 똑똑한 편이었지만, 6학년 형인 나반장 군의 적수가 되기는 어려웠다. 예선전에서 떨어질 줄 알았던 고질라 군은 가까스로 예선을 통과해 본선까지 올라오게 되었다.

출연자 중 유일한 여학생인 이쁜 양은 객석에 남학생 팬클럽을 몰고 왔다. 까만 머리, 하얀 피부, 동그란 눈망울, 오뚝한 콧날, 붉은빛의 작고 귀여운 입술. 이쁜 양은 웬만한 연예인 뺨치는 외모를 지니고 있었다. 그녀는 퀴즈 자랑에서 우승하는 것보다 이 방송 출연을 발판 삼아 연예계로 나가려는 목적이 더 큰 듯했다. 이쁜 양의 작전대로 방송국의 연예계 관계자들은 이쁜 양에게 눈독을 들이고 있었다. '퀴즈 자랑' 방송이 끝난 뒤, 다른 프로그램에 캐스팅하기 위해서 말이다.

우승 후보 1위 나반장 군은 까만 뿔테 안경을 쓰고 있었는데 그래서 더 지적으로 보였다. 나반장 군은 출연자 중 학년이 가장 높은 만큼 아는 것도 많았다. 소문에 의하면 이번 '퀴즈 자랑' 출연을 위해 3년 동안 준비를 해 왔다고 한다. 지금까지 점수로 봐서는 나반장 군이 컴퓨터를 가져갈 확률이 가장 높았다.

"자, 다음 문제입니다. 잘 듣고 연상되는 단어를 말씀해 주십시오."

사회자가 말했다. 고질라 군과 나반장 군은 귀를 쫑긋 세우고 사회자의 말에 주목했다. 이쁜 양은 사회자가 문제를 내든지 말든지, 예쁜 척하느라 정신이 없었다.

"말."

사회자가 첫 번째 힌트를 제시했다. 고질라 군과 나반장 군은 서로 눈치만 볼 뿐 벨을 누르지 않았다.

"하늘."

사회자가 두 번째 힌트를 제시했다.

"삐!"

나반장 군이었다. 고질라 군은 아쉬운 표정으로 나반장 군을 쳐다보았다.

"네, 나반장 군. 정답을 말씀해 주십시오."

"정답은 천고마비입니다."

"천고마비…… 네! 정답입니다!"

이렇게 해서 고질라 군과 나반장 군의 점수 차는 더욱 벌어지게 되었다.

"다음은 국사 문제입니다. 백제의 왕세자가 일본 왕에게 선물한 것으로……."

"삐!"

이번엔 사회자가 문제를 다 출제하기도 전에 벨이 울렸다. 벨을 누른 사람은 역시 나반장 군이었다.

"네, 나반장 군! 정답을 말씀해 주십시오."

"정답은 칠지도입니다."

방송국은 술렁이기 시작했다.

"뭐야? 아직 문제를 다 말하지도 않았는데……."

"너무 성급한 거 아니야?"

관객들은 저마다 한마디씩 내뱉었다.

"칠지도⋯⋯ 여러분, 어떻습니까? 정답일까요?"

'틀려라, 틀려라, 제발!'

고질라 군은 마음속으로 나반장 군이 제발 틀리기만을 기도했다. 이번에도 나반장 군이 정답을 맞힌다면 나반장 군과의 점수 차가 엄청나게 벌어지기 때문이었다.

"나반장 군, 정답입니다!"

나반장 군은 또 정답을 맞히고 말았다.

"다음 문제는 영어 문제입니다. 잘 듣고 정답이 무엇인지 영어로 답해 주십시오."

사회자의 말이 끝나자 방송국 스피커에서 낯선 외국인의 음성이 들려오기 시작했다. 고질라 군은 어떻게 해서든지 그 정답을 맞히기 위해 귀를 쫑긋 세웠다. 이번에는 예쁜 척만 하던 이쁜 양도 문제에 귀를 기울였다. 외국에서 살다온 이쁜 양은 영어라면 자신 있었기 때문이다. 나반장 군은 눈을 감고 스피커에서 흘러나오는 말을 음미하고 있었다.

"This is a round fruit with red or green skin. What is it?"

"삐!"

외국인의 설명이 끝나자마자 벨이 울렸다. 이번에 벨을 누른 사람은 다름 아닌 이쁜 양이었다. 객석에 있던 이쁜 양의 팬클럽 남학생들이 환호하기 시작했다.

"이쁜! 이쁜! 이쁜!"

"와! 이쁜 양의 인기가 장밀 대단한걸요? 하하하. 이쁜 양, 정답은 무엇입니까?"

이쁜 양의 팬클럽을 본 사회자가 깜짝 놀라며 말했다.

"정답은 apple입니다."

"네! 정답입니다!"

나반장 군은 간발의 차이로 벨을 눌리지 못해 정답의 기회를 놓쳐 버렸다. 그의 표정은 아쉬운 기색이 영력했다. 고질라 군은 이번 문제를 이쁜 양이 맞힌 게 오히려 잘된 일이라 생각했다. 만약 이번 문제까지 나반장 군이 맞혔다면 고질라 군이 앞으로 남은 문제를 모두 맞힌다 해도 나반장 군을 이길 수 없었기 때문이었다. 이번 문제를 이쁜 양이 맞힘으로써 고질라 군에게 작지만 무시할 수 없는 희망이 생기게 되었다.

마지막 문제는 수학 문제입니다. 이번 수학 문제를 맞히면 100점의 점수를 획득하게 됩니다. 어디 한 번 중간 점수를 살펴볼까요? 고질라 군 320점, 이쁜 양 250점, 나반장 군 400점. 나반장 군이 400점으로 현재 선두를 달리고 있습니다. 그러나 결과는 알 수 없겠는걸요. 고질라 군이 이번 문제를 맞히게 되면 420점으로 우승하게 됩니다. 자, 여러분 마지막까지 희망을 잃지 마시고 끝까지 문제에 최선을 다해 주시기 바랍니다."

사회자의 말을 들은 고질라 군과 나반장 군은 침을 꼴깍 삼켰다. 반면, 이쁜 양은 카메라에 잘 찍히는 각도를 유지하기 위해 몸을 이리저리 움직여 보고 있었다.

"화면을 잘 보아 주십시오."

사회자가 방송국에 설치된 화면을 가리키며 말했다. 화면에는 다음과 같은 모양이 나타나 있었다.

"그림에서 사각형은 모두 몇 개입니까?"

사회자의 질문에 고질라 군과 나반장 군이 분주하게 움직이기 시작했다. 몇 초 후 벨이 울렸다.

"삐!"

순간 방송국 내에 정적이 감돌았다. 고질라 군과 나반장 군이 동시에 고개를 들었다. 사람들은 누가 벨을 누른 것인지 궁금해하며 고질라 군과 나반장 군을 번갈아 가며 쳐다보았다.

"네, 고질라 군!"

벨을 누른 것은 다름 아닌 고질라 군이었다. 나반장 군은 103번째 사각형을 세던 손을 멈추고 멍하니 고질라 군을 바라보았다.

"고질라 군, 정답은 무엇입니까?"

사회자가 들뜬 목소리로 외쳤다.

"정답은 441개입니다."

고질라 군이 자신 있게 대답했다.

"441개…… 정답입니다! 이렇게 해서 이번 주 '퀴즈 자랑'의 우승자는 고질라 군입니다!"

방송국 안에 팡파르와 박수 소리가 울려 퍼졌다. 출연자 중 가장 어린 고질라 군이 컴퓨터를 받아가게 된 것이다. 그렇게 축하하는 분위기에서 우울하게 침묵을 지키고 있는 사람이 있었으니 그는 나반장 군이었다. 나반장 군은 3년간의 노력이 수포로 돌아간 것에 크게 좌절했다. 한동안 침묵을 지키고 있던 나반장 군은 무슨 생각이 떠올랐는지 무대 중앙으로 나왔다.

"이건 사깁니다!"

무대 중앙에서 나반장 군이 이렇게 외치자 방송국 안은 금세 싸늘한 정적에 휩싸였다.

"441개나 되는 사각형을 이렇게 빨리 세다니 뭔가 이상하지 않습니까? 문제가 사전에 유출되었던 것이 틀림없습니다!"

우승 기념으로 꽃다발을 받던 고질라 군은 말도 안 된다는 표정으로 나반장 군을 바라봤다. 잠시 후 객석에 앉아 있던 나반장 군의 엄마도 무대 위로 올라왔다.

"우리는 끝까지 진실을 밝혀 낼 것입니다!"

다음 날 나반장 군의 엄마는 문제가 사전에 유출되었다며 방송국을 수학법정에 고소했다.

여러 개 가운데서 몇 개를 순서에 관계없이
뽑을 때는 조합의 공식을 이용합니다.

고질라 군은 어떻게 모든 사각형의 개수를 빠르게 셀 수 있었을까요?

수학법정에서 알아봅시다.

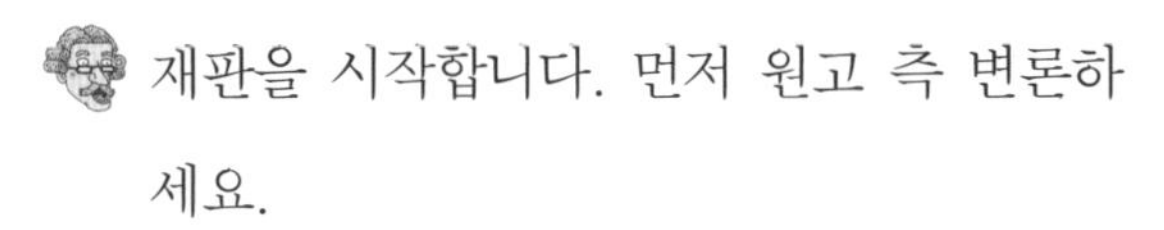

재판을 시작합니다. 먼저 원고 측 변론하세요.

이건 뭔가 냄새가 나요. 냄새가…….

무슨 냄새가 난다는 거요?

부정의 냄새 말이에요.

어떤 근거로 그렇게 말하는 겁니까?

441개의 사각형을 어떻게 그렇게 금방 헤아린단 말이죠? 나 같으면 세다가 헷갈릴 텐데 말이에요.

하긴, 나도 그 점이 좀 이상하긴 합니다만, 매쓰 변호사는 어떻게 생각합니까?

별로 어려운 일이 아닙니다.

어째서죠?

조합의 공식을 이용하면 되니까요.

그게 뭐죠?

여러 개 중에서 몇 개를 뽑기만 할 때의 경우의 수 말입니다.

아! 그거 말이군요. 하지만 이건 사각형을 세는 거잖아요?

사각형은 네 개의 변으로 이루어집니다. 좀 더 정확하게 말하면 서로 평행인 가로 선 두 개와 세로 선 두 개로 이루어지죠.

그건 그렇군요. 그것과 이 문제가 무슨 관계가 있죠?

지금 문제의 도형을 다시 보죠.

가로 선이 몇 개죠?

7개요.

그럼 그중 두 개의 가로 선을 선택하는 방법은 (7×6)÷(2×1)=21가지입니다. 마찬가지로 세로 선도 7개죠?

그중 두 개의 세로 선을 택하는 경우의 수는 21가지이지요. 가로 선 두 개와 세로 선 두 개를 택하면 하나의 사각형이 만들어지니까 전체 경우의 수는 21×21=441(가지)가 되는 것입

니다.

 그렇군요. 고질라 군은 이 공식을 이용했다고 봐야겠군요. 그러므로 나반장 군의 고소는 아무 의미가 없고 고질라 군의 우승은 정당하다고 판결하겠습니다.

 왜, ${}_nC_r = {}_nC_{n-r}$ 일까요?

예를 들어 영심이, 하니, 길동이 중 2명은 당번으로 남고 1명은 집에 간다고 해 봅시다. 이런 경우의 수는 3명 중 2명으로 당번으로 뽑는 방법의 수나 3명 중 1명을 집에 가는 사람으로 뽑는 방법의 수나 같습니다. 어차피 뽑기만 할 뿐 뽑은 후의 순서는 고려하지 않기 때문이죠.

시행과 사건

같은 조건 아래서 반복될 수 있고 결과가 우연에 좌우되지만 가능한 모든 결과를 알 수 있는 실험이나 관찰을 '시행' 이라고 합니다.

한 개의 시행에서 나올 수 있는 모든 결과들의 집합을 표본 공간(집합)이라고 부르고 사건은 표본 공간의 부분 집합으로 정의됩니다. 이중 표본 공간의 부분 집합 중 한 개의 원소로만 된 것을 '근원사건' 이라고 하고 한 시행에서 반드시 일어나는 사건 전체를 '전사건' , 절대로 일어나지 않는 사건을 '공사건' 이라 부르죠.

예를 들어 한 개의 주사위를 던졌을 때 나오는 경우를 살펴볼까요? 한 개의 주사위를 던지는 것은 '시행' 입니다. 이때 나오는 눈은 1, 2, 3, 4, 5, 6이므로 표본 공간은 {1, 2, 3, 4, 5, 6}입니다. 이때 홀수의 눈이 나오는 사건은 집합 {1, 3, 5}로 나타낼 수 있겠지요? 다시 말해 사건을 나타내는 집합은 표본 공간의 부분 집합인 셈이죠. 이때 7이 나오는 사건은 공사건입니다. 왜냐면 여기서 7은 나올 수 없으니까요.

수학성적 끌어올리기

배반 사건과 여사건

'전사건' S의 부분 집합인 두 사건 A, B에 대해 다음과 같은 식이 성립합니다.

① A 또는 B가 일어나는 사건은 $A \cup B$

② A와 B가 동시에 일어나는 사건은 $A \cap B$

수학성적 끌어올리기

③ A와 B가 동시에 일어나지 않을 때($A \cap B = \emptyset$) A와 B는 서로 '배반'이라 하고 이 두 사건을 '배반 사건'이라 합니다.

④ 사건 A에 대해 A가 일어나지 않는 사건을 A의 '여사건'이라 하고 A^c로 나타냅니다. 이때 A와 A^c는 '배반 사건'입니다.

제4장

확률에 관한 사건

내가 받을 돈은 2달란이고 내가 주는 돈은 1달란인데 왜? 계속 내 돈이 줄어들지…
이 사람 확률고등학교 나왔다더니 경우의 수를 따지지 못하네.

카드 사기극

공갈이 씨가 조농사 씨에게 친
사기와 확률과는 어떤 관계가 있을까요?

동방예의지국이라 불리는 백국에서는 공갈이란 인물을 나라에서 영구 추방시켰다. 몇 해 전, 어디서 굴러 들어온 인물인지 모를 공갈이 씨가 백국을 누비고 다녔다. 그는 이 마을, 저 마을을 누비고 다니며 사람들을 유혹했다.

"돈 먹고, 돈 먹기! 애들은 가라! 애들은 가라!"

공갈이 씨가 마을에 떴다 하면 사람들은 일손을 놓고 공갈이 씨만 따라다녔다.

"백성 여러분! 이제 땡볕에서 하루 종일 일하는 것은 집어치우십시오! 인생은 한 방입니다. 제가 여러분을 구원해 드리겠습니다."

공갈이 씨는 한번에 많은 부를 가져다주겠다며 백성들을 현혹했다.

원래 백국의 국민들은 기질이 착하고 부지런하며 성실했다. 그들은 농사를 주업으로 삼았는데 해가 뜨기 전 논으로 나갔다가 해가 다 지고 나서야 집에 돌아왔다. 몸은 고단했지만 그것으로 풍족한 삶을 누릴 수 있었고 그 나름의 보람도 얻을 수 있었다. 그런데 몇 년 전부터 날이 가물고 비가 오지 않아 농사에 어려움이 생겼다.

"큰일이야! 벌써 한 달째 비가 내리지 않고 있으니 말이야."

조농사 씨가 따가운 햇볕이 내리쬐는 하늘을 올려다보며 인상을 찌푸렸다.

"그러게 말이에요. 이번 농사도 망해 버리면 올겨울은 또 어떻게 지내죠?"

조농사 씨의 부인 옥수수 씨가 울상을 지었다.

아니나 다를까, 결국 그해 여름에도 비는 내리지 않았다. 농사를 망쳐 버린 백국의 백성들 눈에서는 눈물이 마를 날이 없었다.

"어머니, 이제 보리밥은 질려요!"

조농사 씨의 다섯 살 난 아들 까탈이가 밥상 앞에서 소리쳤다.

"까탈아, 지금 우리에게는 이 보리밥도 감지덕지야."

옥수수 씨는 까탈이를 좋게 타일러 보았다.

"싫어요! 저는 하얀 쌀밥이 먹고 싶단 말이에요!"

흰 쌀밥이 먹고 싶다며 투정 부리던 까탈이는 결국 단식 투쟁에 들어갔다.

사실 조농사 씨와 옥수수 씨는 벌써 일주일째 간장 탄 물만 마시고 있었다. 까탈이네 집에서는 보리쌀도 넉넉지 못했기 때문이다. 조농사 씨와 옥수수 씨는 보리밥을 모두 까탈이에게 먹이느라 자신들은 단식 아닌 단식을 하고 있었다. 그것도 모르는 까탈이는 쌀밥이 먹고 싶다며 곡기를 끊어 버렸다.

이틀 동안 단식한 까탈이는 이튿날 저녁, 배가 너무 고파 잠을 이룰 수 없었다. 까탈이는 부모님 몰래 부엌으로 들어가 쌀통을 뒤졌다. 그런데 이게 어찌된 일인가. 하얀 쌀들로 가득하던 쌀통 속에 쌀알이 하나도 보이지 않았다. 까탈이는 보리쌀을 담아 두는 통으로 가 보았다. 보리쌀통 속에도 보리 몇 알만이 뒹굴고 있을 뿐이었다. 까탈이는 단식 선언을 하지 않더라도 단식을 할 수밖에 없는 상황이었다.

"아버지, 어머니가 나 몰래 쌀밥을 드시고 계신 줄 알았는데……."

이제야 집안 돌아가는 사정을 알게 된 까탈이는 참회의 눈물을 흘렸다.

그러던 어느 날, 까탈이네 집 앞에 요란한 소리가 울려 퍼졌다.

"배고파 움직일 힘도 없는데 누가 저리 요란하게 떠드는 거야?"

눈언저리가 푹 꺼진 조농사 씨가 방문을 열고 밖을 내다보았다.

조농사 씨의 집 앞에서 한 남자가 북을 두드리며 시끄럽게 소리치고 있었다.

"애들은 가라! 애들은 가! 카드 한 장만 뽑으면 쌀 한 가마니가 생깁니다! 애들은 가라. 애들은 가!"

그 말을 들은 조농사 씨의 귀가 번쩍 뜨였다.

"뭐? 쌀 한 가마니를 준다고?"

조농사 씨는 버선발로 뛰쳐나갔다.

"이보시오! 카드 한 장만 뽑으면 쌀 한 가마니를 주는 거요?"

조농사 씨가 남자를 붙잡고 물었다.

"아, 그렇다니까요! 어디 속고만 사셨나?"

그 남자는 등에 짊어진 쌀 한 가마니를 보여 주었다.

등에는 쌀 한 가마니를 짊어졌고 손으로는 북을 치고 있는 이 남자, 이자가 바로 공갈이 씨다.

"정말이오? 그러면 어서 카드를 내어 보시오!"

조농사 씨는 문제를 맞혀, 눈에 넣어도 아프지 않을 까탈이에게 쌀밥을 지어 줄 생각을 하며 공갈이 씨를 재촉했다.

"성급하시기는! 일단 나와 약조 하나만 하시오!"

공갈이 씨는 새침데기처럼 몸을 획 틀며 말했다.

"근데, 무슨 약조를 하란 말이오?

"아니, 그럼 쌀 한 가마니를 거저먹을 생각이었소? 나도 먹고살아야 할 것 아니오? 내기를 해서 만약 내가 질 경우 당신에게 이 쌀

한 가마니를 주겠소. 하지만 내가 이길 경우, 당신은 나에게 당신의 논 한 마지기를 내어 주시오."

"뭐? 논 한 마지기?"

조농사 씨는 입을 쩍 벌리며 놀란 채 잠시 망설였다.

"뭐 싫으면 말고!"

조농사 씨의 망설임을 눈치 챈 공갈이 씨가 다시 북을 짊어지고 길을 떠나려 했다. 바로 그때였다.

"잠깐! 좋소! 카드를 내어 주시오!"

조농사 씨는 어차피 배를 곯는 판국에 이 한 판에 모든 것을 걸어 보리라 마음먹었다.

"진작 그럴 것이지."

공갈이 씨는 다시 북을 바닥에 내려놓았다. 그는 조농사 씨에게 카드 세 장을 내어 주며 말했다.

"잘 보시오. 카드는 총 세 장이오. 보시다시피 한 장은 앞뒤가 모두 빨간색이오. 또 한 장의 한 면은 빨간색 다른 한 면은 파란색이오. 그리고 나머지 한 장은 앞뒤 모두 파란색이오."

조농사 씨는 공갈이 씨가 내어 준 카드를 유심히 살펴보았다. 카드는 공갈이 씨가 말한 그대로였다.

"그중 한 장을 골라 이 북 위에 뒤집어 놓으시오. 그러면 내가 그 카드 양면의 색깔이 같은지 다른지를 맞혀 보겠소. 내가 못 맞히면 이 쌀 한 가마니를 당신에게 내어 주고, 내가 맞히면 당신의 논 한 마지기를 내가 가지겠소."

공갈이 씨는 다시 한 번 그들의 약조를 상기시켰다.

조농사 씨는 세 장의 카드 중 한 장을 골라 북 위에 올려놓았다. 눈에 보이는 면의 색깔은 빨간색이었다. 공갈이 씨는 그 카드를 노려보며 잠시 고민하는가 싶더니 이내 입을 열었다.

"이 카드의 앞뒤는 색깔이 같소! 어디 한번 뒤집어 보시오."

조농사 씨는 떨리는 마음으로 카드를 집었다.

'쿵닥, 쿵닥, 쿵닥.'

조농사 씨의 심장은 미친 듯이 팔짝팔짝 뛰고 있었다.

"아니!"

카드를 뒤집은 조농사 씨의 얼굴이 하얗게 질렸다.

"자, 내가 맞혔으니 논 한 마지기는 내가 가져가겠소."

카드의 뒷면이 빨간색을 띠고 있었다. 하얀 쌀을 얻으려던 조농사 씨는 결국 얼굴만 하얗게 질린 채 논 한 마지기를 빼앗겨 버렸다.

낙담한 조농사 씨는 그날 이후, 식음을 전폐했다. 그의 몸은 날로 야위어 갔고, 그를 지켜보던 옥수수 씨의 눈에도 눈물이 마르지 않았다. 까탈이는 아버지 대신, 산으로 들로 먹을 만한 풀을 뜯으러 다녔다. 그러던 어느 날, 까탈이는 사람들이 모여 웅성거리는 소리를 듣게 되었다.

"글쎄, 그렇다니까! 공갈인가 뭔가 하는 놈과 내기를 해서 이긴 사람이 아무도 없대!"

"나도 논 한 마지기를 빼앗겼었지! 도대체 어찌된 일인지 알 수가 없단 말이야. 분명 확률은 2분의 1인데 결과는 공갈이 그 자식 배불리는 것만 나오니……."

동네 사람들은 까탈이 아버지에게서 논 한 마지기를 뺏어 간 공갈이 씨에 대한 이야기를 하고 있었다. 까탈이는 그 길로 집으로 달려가 어머니 옥수수 씨에게 이 사실을 알렸다.

아무래도 공갈이 씨에게 사기를 당한 것 같다고 생각한 옥수수 씨는 공갈이 씨를 당장 수학법정에 고소했다.

전체 경우의 수 중에서 어떤 사건이 일어나는
경우의 수의 비율을 확률이라 합니다.

공갈이 씨는 어떻게 사기를 쳤을까요?
수학법정에서 알아봅시다.

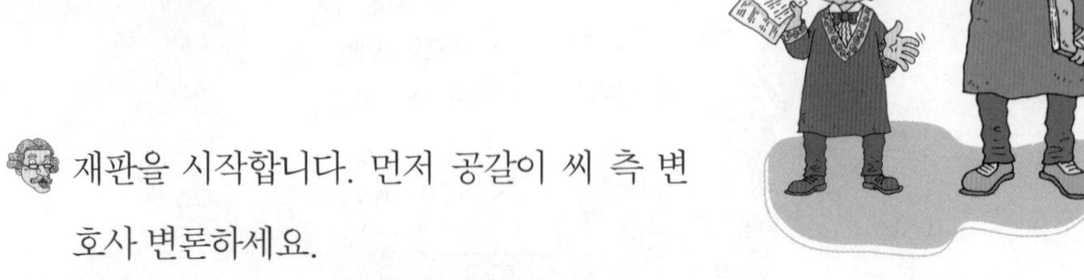

재판을 시작합니다. 먼저 공갈이 씨 측 변호사 변론하세요.

이게 무슨 사기입니까? 카드를 뒤집으면 둘 중 하나잖아요? 색깔이 같거나 또는 다르거나. 그러니까 각각의 확률은 2분의 1이므로 이 게임은 공정합니다. 그러므로 공갈 씨는 사기를 치지 않았다고 주장합니다.

옥수수 씨 측 변론하세요.

확률 연구소의 던져바 소장을 증인으로 요청합니다.

동전을 위로 던졌다 받았다를 반복하면서 30대 남자가 증인석에 앉았다.

증인이 하는 일은 뭐죠?

확률에 관한 연구를 하고 있습니다.

확률이 뭐죠?

전체 경우의 수 중에서 어떤 사건이 일어나는 경우의 수의 비율을 말합니다.

좀 더 구체적으로 말씀해 주시겠습니까?

예를 들어 동전을 던지면 어떤 사건들이 생기죠?

앞면이 나오거나 뒷면이 나오게 되죠.

맞습니다. 그러니까 전체 사건의 수는 두 가지입니다. 이중 앞면이 나올 확률은 앞면이 나오는 사건의 개수가 한 가지이므로 2분의 1이 되지요.

그렇군요. 그럼 이번 사건에 대해서는 어떻게 생각하십니까?

이번 게임은 공정한 게임이 아닙니다.

그럼 사기라는 얘긴가요?

그렇게 볼 수 있습니다.

그건 왜죠?

카드 중 두 장은 앞뒤의 색깔이 같고 다른 하나는 앞뒤의 색깔이 다릅니다. 그러므로 임의의 카드 한 장을 보여 주었을 때 카드의 앞뒤 색이 같을 확률은 3분의 2이고 다를 확률은 3분의 1이 됩니다. 즉 앞뒤의 색이 같을 확률이 더 높지요. 그러므로 공갈이 씨는 그 점을 이용해 가능하면 확률이 높은 같은 색에 배팅을 걸었던 것입니다. 이런 식으로 게임을 계속하다 보면 공갈이 씨가 돈을 따게 되지요.

그렇군요. 명백한 사기군요.

요즘도 이런 사기를 하는 사람이 있다니…… 아무튼 수학이나 과학을 이용하여 잔꾀를 부리는 사람들은 우리 과학공화국

의 악의 축입니다. 그런 의미에서 공갈이 씨에게는 특정 수학 사기죄를 적용할 예정입니다.

확률

두 개의 주사위를 동시에 던질 때 눈의 수의 합이 9일 확률을 구해 봅시다. 일어날 수 있는 모든 경우의 수는 6×6=36(가지)입니다.

눈의 수의 합이 9가 되는 경우는 (6, 3), (5, 4), (4, 5), (3, 6)의 4가지이지요. 따라서 구하는 확률 $P = \frac{4}{36} = \frac{1}{9}$ 이 됩니다.

확률 자격증 시험

동전 6개를 던져 앞면이 3개,
뒷면이 3개 나올 확률은 얼마일까요?

강지노 씨는 도박의 천국 라스가스에 진출할 꿈을 안고 라스가스를 찾았다. 라스가스에는 수억 원의 돈을 뿌리러 온 사람들이 판을 치고 있었다.

"오늘부터 여기 돈은 모두 내가 접수한다!"

강지노 씨는 라스가스에 있는 '다이러 카지노' 안으로 들어갔다.

"어서 오세요."

예쁜 여인이 강지노 씨를 맞이했다.

"여기 지배인을 만나고 싶습니다."

강지노 씨는 다이러 카지노에 들어서자마자 지배인부터 찾았다.

여인은 강지노 씨를 힐끔 쳐다보더니 지배인을 불러 주었다.

잠시 후, 건장한 체격의 남성이 강지노 씨 앞으로 다가왔다.

"제가 지배인입니다만."

그 지배인을 본 강지노 씨는 순간 몸이 움츠러드는 것을 느꼈다. 짧은 머리, 쭉 째진 눈, 뭉툭한 코, 거무죽죽한 입술, 오른쪽 뺨에 선명히 새겨져 있는 스크래치, 불룩 튀어나온 배, 지배인의 모든 것이 위압적인 이미지를 풍겼다.

"디…… 딜러로 바…… 받아 주십시오!"

바짝 긴장한 강지노 씨는 말을 더듬으며 다짜고짜 딜러로 받아 달라 외쳤다. 지배인은 강지노 씨를 보더니 코웃음을 쳤다.

"딜러요? 딜러가 무슨 일을 하는지 알긴 아시는 겁니까?"

"물론입니다."

강지노 씨가 대답했다. 그러자 지배인의 얼굴이 매섭게 변했다.

"그래요? 어디 한번 말씀해 보시지요."

"게임을 진행하는 진행자 아닙니까?"

"잘 아시는군요. 우리 다이러 카지노에서는 능력 없는 딜러는 필요 없습니다. 다이러 카지노를 방문한 사람에게서 그 사람이 가진 돈의 120%를 빼앗지 못하는 딜러는 그날로 해고입니다."

"120%라니요?"

강지노 씨는 지배인의 말을 쉽게 이해할 수 없었다. 100%를 카지노를 방문한 사람이 가지고 있는 전액이라 한다면 그 나머지

20%는 무엇이란 말인가? 강지노 씨는 어리둥절한 표정으로 지배인을 바라봤다.

"답답하시긴! 그 사람이 가진 돈을 몽땅 따고 20%의 빚을 지게 만들어야 한다 말입니다. 우리 다이러 카지노에서 돈을 빌리게 만드는 것이죠."

"돈을 빌려 준다고요?"

"그 사람이 빌린 돈으로 다시 게임에 참여하도록 하는 거죠."

"그것 참, 이상하군요. 빌려 준 돈을 다시 따면 자기 돈을 자기가 돌려받는 게 아닌가요?"

강지노 씨는 아직까지도 지배인의 말을 이해할 수 없었다.

"순진하시긴. 어떤 사람이 200달란을 빌려 게임에 참여했다 칩시다. 그 사람이 200달란을 잃으면, 그 사람은 우리에게 400달란의 빚을 지게 되는 겁니다. 우리는 또다시 그에게 200달란의 돈을 빌려주고 그가 또 200달란을 잃으면 총 800달란의 빚을 지게 됩니다. 이렇게 한 번, 두 번 게임을 하다 보면 빚은 어느새 산더미처럼 불어나 있겠지요. 사람들이 빚을 지면서까지 게임을 하겠냐고요? 그렇게 하도록 하는 게 딜러들의 역할이죠. 한번 게임에 빠진 사람은, 남은 한 판으로 자신이 진 빚을 만회할 수 있을 거란 어리석은 생각에 빠져 계속해서 게임을 하게 됩니다. 낚싯바늘에 걸린 미끼를 쫓는 물고기처럼 말이죠. 때문에 그 사람을 게임에 계속 참여토록 하는 것은 어렵지 않습니다. 그 사람과의 확률 싸움에서 이기는 것이 중요하지요."

지배인의 말을 들은 강지노 씨는 등골이 오싹해지는 것을 느꼈다. 지배인은 계속해서 말했다.

"우리는 그 사람이 낚싯바늘을 한 번 물면 절대 놓치는 법이 없죠. 원금은 물론이고 이자까지 받아 냅니다. 만약 딜러가 확률 싸움에서 져, 다이러 카지노가 많은 손해를 입게 된다면 그 딜러는 당장 해고됩니다. 물론 그가 손해 입힌 돈도 모두 변상해야겠죠. 평생 그 빚에 허덕이며 살아야 할지도 모릅니다. 하지만 뭐, 잘하면 평생 풍족하게 살 수 있기도 하지요. 어떻습니까? 그래도 이 무서운 게임에 발을 들여놓으시겠습니까?"

강지노 씨는 잠시 망설이는 듯했다.

'120%의 돈을 따야 한다? 내가 할 수 있을까? 그래, 사나이가 한번 칼을 뽑았으면 무라도 잘라야지! 내가 원하는 만큼의 돈만 벌면 고향으로 돌아가는 거야!'

"좋습니다! 해 보겠습니다!"

강지노 씨는 우렁차게 대답했다.

"큰 목소리가 마음에 드는군요. 그러면 일단 딜러로서의 자격 조건부터 갖추고 오세요."

지배인은 매서운 눈빛을 거두고 평온한 눈빛으로 말했다.

"딜러로서의…… 자격 조건이오?"

"수학회의소에서 발급하는 확률 자격증은 딜러가 지니고 있어야 할 필수 자격증이죠."

지배인은 이 말만을 남기고 어디론가 사라졌다.

"확률 자격증?"

강지노 씨는 지배인이 말한 자격증의 이름을 되새겨 보았다. 아무리 생각해 봐도 그런 자격증은 처음 들어 보는 것 같았다. 강지노 씨는 일단 수학회의소를 찾아갔다.

"어서 오세요. 확률 자격시험 접수하러 오셨나요?"

수학회의소 직원이 강지노 씨를 상냥하게 맞이했다.

"아, 네."

강지노 씨는 얼떨결에 확률 자격시험을 접수하게 되었다. 그는 이런 자격증이 실제로 있다는 것에 놀라움을 금치 못했다.

일주일 뒤, 한 고등학교 교실에서 확률 자격시험이 시행되었다. 강지노 씨가 대기하고 있던 교실로 시험 감독관이 들어왔다.

"시험 시간은 총 60분입니다."

시험 시간을 알려 준 시험 감독관은 시험지를 한 장씩 나누어 주었다. 시험지에는 문제가 달랑 하나만 출제되어 있었다.

'뭐야? 이걸 한 시간 동안 풀라는 거야? 너무 시시한데…….'

시험 문제는 동전 6개를 던져 앞면이 3개, 뒷면이 3개 나올 확률을 구하는 것이었다.

'동전 6개 중에 3개가 앞면이 나올 확률은 6분의 3. 그러면 나머지 3개의 동전은 자동으로 뒷면. 즉 답은 2분의 1이야.'

이렇게 생각한 강지노 씨는 자신 있게 2분의 1을 적어 놓고 시험장을 빠져나왔다.

그로부터 일주일 뒤, 강지노 씨가 응시했던 확률 자격시험의 결과가 발표되었다. 합격 여부를 확인하기 위해 컴퓨터 앞에 앉은 강지노 씨는 전혀 떨리지 않았다.

"에이, 확인하나마나 합격일 텐데! 귀찮게 꼭 확인해야 하나?"

강지노 씨는 컴퓨터 앞 의자에 거만한 자세로 앉아 마우스를 '띠깍, 띠깍' 하면서 클릭했다.

그런데 몇 분 뒤 강지노 씨는 자세를 바로잡고 모니터를 뚫어지게 쳐다봤다.

"아니! 뭐야? 내가 왜 불합격이야?"

그는 자신의 두 눈을 믿을 수 없었다. 강지노 씨가 응시했던 수험번호를 눌렀더니 '강지노: 불합격' 이라고 뜬 것이다. 강지노 씨는 당장 수학회의소에 전화를 걸어 합격 여부를 다시 확인해 보았다. 결과는 마찬가지였다.

강지노 씨는 확률 자격시험에 떨어지면서 확률 자격증을 얻지 못할 위기에 처했다. 그렇게 되면 큰돈을 벌기 위해 라스가스로 들어온 자신의 노력이 모두 수포로 돌아가는 것이다.

강지노 씨는 확률 자격시험의 채점 과정에서 뭔가 오류가 있었다는 생각밖에 들지 않았다. 그는 그 길로 수학법정을 찾아가 이 사건을 의뢰했다.

동전이 하나일 경우 앞면, 뒷면이 나올 확률은
1/2로 같지만 동전의 수가 많아지면
각각의 확률은 달라지게 됩니다.

동전 6개를 던져 앞면이 3개, 뒷면이 3개 나올 확률은 얼마일까요?

수학법정에서 알아봅시다.

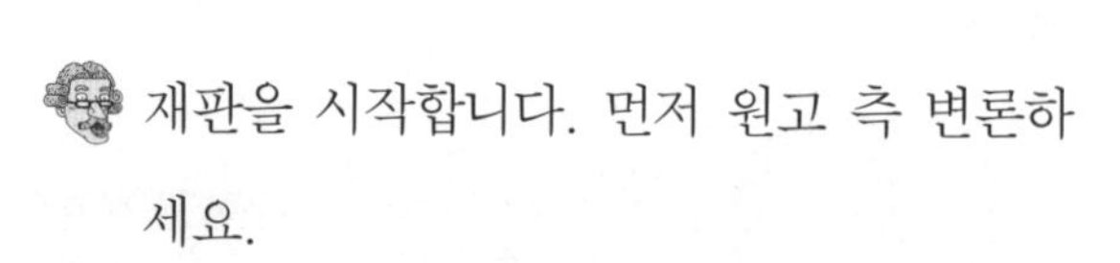

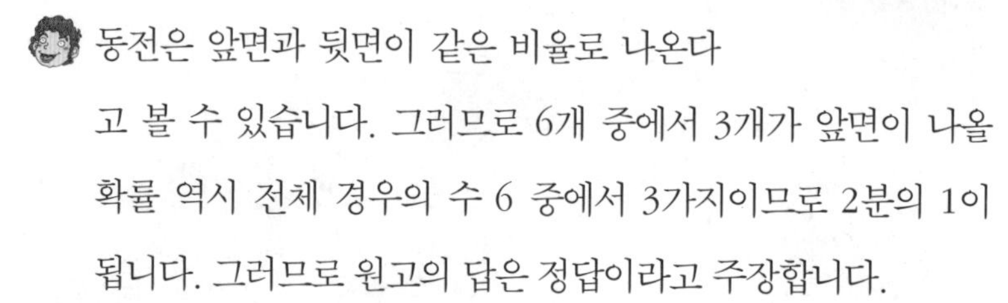

재판을 시작합니다. 먼저 원고 측 변론하세요.

동전은 앞면과 뒷면이 같은 비율로 나온다고 볼 수 있습니다. 그러므로 6개 중에서 3개가 앞면이 나올 확률 역시 전체 경우의 수 6 중에서 3가지이므로 2분의 1이 됩니다. 그러므로 원고의 답은 정답이라고 주장합니다.

그럼 피고 측 변론하세요.

확률 연구소의 던져바 소장을 증인으로 요청합니다.

지난번 사건에 증인으로 나왔던 던져바 소장이 이번에는 조금 여유 있는 표정으로 증인석에 들어왔다.

증인은 구면이군요.

그렇습니다. 지난번 재판 때 뵈었죠.

그럼 이번 사건에 대해 어떻게 생각하십니까?

간단하게 절반의 확률이 되는 건 아닙니다.

그게 무슨 말이죠?

예를 들어 동전이 2개라면 앞이 2개, 앞이 1개, 앞이 0개인 경우의 수가 각각 1가지, 2가지, 1가지가 되잖아요?

그렇지요.

동전이 3개라면 앞면이 3개, 2개, 1개, 0개인 경우의 수는 1가지, 3가지, 3가지, 1가지가 되어 동전 여섯 개를 던져 앞면이 6개, 5개, 4개, 3개, 2개, 1개, 0개인 경우의 수는 1가지, 6가지, 15가지, 20가지, 15가지, 6가지, 1가지가 됩니다. 그러므로 구하는 확률은 64분의 20이 됩니다.

그럼 강지노 씨는 떨어진 게 확실히 맞군요. 그럼 강지노 씨의 고소는 없던 것으로 하겠습니다. 강지노 씨 공부 좀 더 하세요.

앞면과 뒷면이 나올 확률

3개의 동전을 동시에 던질 때 2개는 앞면, 한 개는 뒷면이 나올 확률을 구해 봅시다.
각각의 동전은 앞 또는 뒤가 나올 수 있으므로 전체 경우의 수는 $2 \times 2 \times 2 = 8$(가지)입니다.
그중 뒷면이 1개 나오는 경우는 세 경우죠.
따라서 구하는 확률은 $P = \frac{3}{8}$ 입니다.

확률 게임

확률 게임에서 조잔해가 도도한에게
진 이유는 무엇일까요?

갓 대학에 입학한 새내기들이 바닷가로 엠티를 갔다. 그들은 바닷가의 작은 민박집에 짐을 풀고 바다로 뛰어나갔다.

"와! 바다가 나를 부른다!"

조잔해가 제일 먼저 바닷물 속으로 뛰어 들어갔다. 조잔해는 확률고등학교라는 특수 목적 고등학교를 졸업했지만, 일반 고등학교를 나온 학생들보다 확률에 더 무지해 학교를 다니는 3년 동안 무엇을 배웠는지 늘 궁금함을 유발시키는 학생이었다.

"꺅!"

바닷가 한쪽에서는 도도한이 두 남학생의 팔에 붙들려 발버둥치고 있었다. 도도한은 여우여자고등학교를 졸업한 여학생이었다. 그런데 이번 엠티를 집행하는 집행부들이 '도한' 이라는 이름이 남자 이름인 줄 알고 도도한을 남자 조에 집어넣어 버렸다. 덕분에 도도한은 팔자에도 없는 수난을 당하게 되었다.

"잘 들어! 너희들이 나를 바다에 빠뜨리는 날엔 줄초상이 날 줄 알아!"

도도한은 두 남학생을 번갈아 보며 이를 으드득 갈았다.

"헤헤헤, 할 테면 해 보라지! 일단은 너를 바다에 빠뜨리고! 하하하!"

그러나 얄미운 남학생들은 결국 도도한을 바다 속으로 풍덩 빠뜨려 버렸다.

"푸푸, 악! 뭐야?"

먼저 물속에 들어가 유유히 헤엄치고 있던 조잔해가 바다로 던져진 도도한 밑에 깔렸다. 물을 잔뜩 마신 조잔해의 인상이 심하게 구겨졌다.

"미…… 미안!"

당황한 도도한이 조잔해를 일으켜 세우며 말했다.

"너냐? 아, 난 또! 산에서 100톤 바위가 굴러 떨어진 줄 알았잖아!"

조잔해는 자신에게 물을 먹인 도도한을 민망하게 만들기 위해 일부러 짓궂은 말을 내뱉었다. 옆에서 이 말을 들은 남학생들은 배를 잡고 웃어 댔다.

"푸하하하! 도도한! 너 몸무게 얼마냐? 잔해가 100톤 바윈 줄 알았다잖아! 푸하하하!"

"어쩐지, 아까 바다로 집어던질 때 그 무게감이 상당하더라고. 푸하하하!"

"뭐, 뭐야 니들! 가만두지 않을 거야!"

짓궂은 남학생들 사이에서 소리치는 도도한의 얼굴은 홍당무가 되었다.

"가만두지 않으면 어쩔 건데? 메롱!"

알미운 조잔해는 도도한에게 혀를 내밀며 멀리 도망가 버렸다.

'조잔해, 사내자식이 조잔하게 바닷물 조금 마셨다고 숙녀를 그렇게 놀려? 너 이 자식 두고 보라지!'

도도해는 지금의 수모를 배로 갚아 주리라 다짐하며 마음속으로 칼날을 갈았다.

그날 저녁 새내기들은 민박집에 삼삼오오 모여 앉아 이야기꽃을 피웠다. 그런데 이 무슨 운명의 장난인지 삼삼오오 모인 무리 중에 조잔해와 도도한이 함께 앉아 있었다.

"야, 잔해야. 너 확률고등학교 나왔다며? 특수 목적 고등학교면 들어가기 어려웠을 텐데."

선배 한 명이 조잔해가 졸업한 확률고등학교를 들먹이며 조잔해를 치켜세웠다.

"뭘요, 하하하."

조금 우쭐해진 조잔해는 머리를 긁적이며 웃어 댔다.

"그런데 확률고등학교 나왔다고 다 공부를 잘하는 건 아니라며?"

그때 누군가 톡 쏘는 말투로 끼어들었다. 조잔해는 그 말에 귀가 번쩍 뜨였다.

'이씨, 누구야?'

조잔해는 속으로 씩씩거리며 소리 난 쪽을 돌아보았다. 바로 그 이름도 유명한 도도한이었다.

"야, 너! 도도한! 내가 공부를 잘하는지 못하는지 네가 어떻게 알아?"

순간 이성을 잃은 조잔해가 도도한을 향해 삿대질을 해 대며 소리쳤다.

"야, 조잔해! 너 왜 그렇게 흥분하고 그래? 그 공부 못하는 사람이 너라고 한 것도 아닌데…… 너무 조잔한 거 아니야? 마음을 좀 넓게 가져 봐."

도도한은 조잔해의 삿대질에 전혀 기죽지 않고 또박또박 차분하게 말을 이어 나갔다. 조잔해는 그런 도도한을 보니 더욱 화가 치밀어 올랐다.

"누…… 누가 나라고 했니? 네가 우…… 우리 학교 흉보니까 그런 거지!"

"잔해야, 오해야. 누가 너희 학교를 흉봤다고 그래? 그냥 그런 사람도 있더라, 얘기하는 거지? 그러면 우리 말 나온 김에 확률 게임이나 해 볼까? 네가 여기서 증명해 보여. 확률고등학교 학생들이 똑똑하다는걸. 네가 확률 게임에서 이기면 확률고등학교에 공부 못하는 학생이 없다고 믿어 줄게."

흥분한 조잔해에게 도도한이 한 가지 제안을 하고 나섰다. 조잔해는 잠시 고민에 빠졌다.

'아, 얜 뭐야! 골치 아파서 확률을 손놓은 지가 언제인데!'

"왜? 싫어? 자신 없어?"

도도한이 그 틈을 놓치지 않고 또 약을 올렸다.

"자신 없긴! 해! 하자고!"

이렇게 해서 조잔해와 도도한의 확률 맞대결이 벌어졌다. 학생들은 확률 대결을 벌이는 조잔해와 도도한의 주위로 몰려들었다.

"뭐야?"

"잔해랑 도한이가 확률 대결을 한대!"

"확률 대결?"

"그래, 확률 대결."

"그게 뭔지는 모르겠지만, 도한이가 잔해에게 상대가 될까?"

"왜? 그거야 모르는 거 아니야?"

"너 모르는구나? 잔해 재 확률고등학교 나왔잖아."

"뭐? 확률고등학교?"

오늘의 대결로 조잔해가 확률고등학교를 졸업했다는 사실이 일

파만파로 퍼져 나갔다. 조잔해는 주위에서 들려오는 소리에 귀가 가려워 미칠 지경이었다.

'아, 뭐야! 난 확률 하나도 모르는데. 나중에 애들이 찾아와서 물어보면 어쩌지? 아, 몰라 몰라! 그나저나 이 게임에서 지면 학교에서 얼굴 못 들고 다닐 텐데…… 내가 이런 식으로 우리 모교에 먹칠하게 될 줄이야. 흑흑.'

조잔해는 울고 싶은 심정이었다.

"잔해야, 게임 방식은 아주 간단해. 주사위를 던져 1의 눈이 나오면 내가 너한테 2원을 주고 1이 안 나오면 네가 나한테 1원을 주는 거야. 어때? 쉽지?"

도도한이 게임에 대해 설명했다. 도도한의 설명을 듣고 보니 이 확률 게임이 별것 아닌 것처럼 보였다.

'뭐야, 그냥 주사위만 던지면 되는 거잖아?'

자신감을 얻은 조잔해는 다시 의기양양해졌다.

"알았어, 시작해!"

이렇게 해서 게임이 시작되었다. 주사위는 도도한이 먼저 던졌다. 결과는 1이었다. 도도한은 주머니에서 2원을 꺼내 조잔해에게 주었다.

이번엔 조잔해가 주사위를 던졌다. 결과는 5였다. 조잔해는 주머니에서 1원을 꺼내 도도한에게 주었다. 그런데 게임이 진행될수록 도도한이 더 많은 돈을 땄다. 그리고 아무리 더 게임을 해도 조잔해가 도도한을 이길 수가 없었다.

"뭐야, 조잔해 쟤 확률고등학교 나왔다면서 왜 저렇게 빌빌대?"

"그러게 말이야. 도도한이 더 나은데?"

구경하던 친구들은 고개를 갸우뚱거리며 웅성거렸다. 조잔해는 도대체 왜 이런 결과가 나왔는지 알 수 없었다. 이곳에 더 앉아 있다간 망신살만 더 뻗힐 것 같았다. 조잔해는 확률 대결이 펼쳐지던 장소를 박차고 뛰어나왔다.

"우씨! 도도한이 나를 골탕 먹이기 위해 주사위에 조작을 가한 게 틀림없어!"

조잔한 조잔해는 그 길로 수학법정을 찾아가 같은 과 친구인 도도한을 고소해 버렸다.

이길 확률과 질 확률이 같을 때의
게임을 공정한 게임이라 합니다.

왜 도도한만 자꾸 이길까요?

수학법정에서 알아봅시다.

재판을 시작합니다. 먼저 피고 측 변론하세요.

게임에서는 진 사람은 말할 자격이 없는 겁니다. 게임이란 이길 수도 있고 질 수도 있는 거죠. 자신이 운이 안 받쳐 줘서 진 걸 가지고 뭘 조잔하게 고소까지 하는지 조잔해 씨를 좀처럼 이해할 수가 없군요. 이게 제 의견입니다.

원고 측 변론하세요.

동전을 던지는 경우처럼 앞면이 나오는 경우나 뒷면이 나오는 경우가 모두 확률이 같다면 이는 공정한 게임이 되겠지요. 하지만 이번 게임은 공정한 게임이 아니라 도도한 씨에게 유리한 게임이었습니다. 왜 그런지를 설명해 줄 증인을 요청합니다.

체크무늬 겉옷에 청바지를 입은 30대 남자가 증인석에 앉았다.

증인은 뭐 하는 분이죠?

저는 게임 확률 연구소의 이겨봐 소장입니다.

게임은 항상 이길 확률과 질 확률이 같습니까?

그런 게임을 공정한 게임이라고 하지요.

그럼 이번 게임은 어떻습니까?

저희가 조사한 바로는 공정하지 않습니다.

그건 왜죠?

여섯 게임을 했는데 주사위의 눈이 1부터 6까지 차례로 나오는 경우를 생각해 보죠. 각 경우 조잔해 씨와 도도한 씨가 얻은 돈을 양수로, 잃은 돈을 음수로 나타내면 다음과 같습니다.

주사위 경우의 수	도도한	조잔해
1이 나올 경우	0	+2
2가 나올 경우	2	+1
3이 나올 경우	1	0
4가 나올 경우	0	−1
5가 나올 경우	4	−2
6이 나올 경우	3	−3

그러므로 이 경기를 계속하면 도도한 씨가 돈을 따게 되지요.

완전 사기극이군요.

그런 셈이죠.

판결합니다. 이번 게임은 도도한 씨에게만 유리한 게임이므로 이 게임의 결과를 일체 인정할 수 없습니다. 그러므로 원고인 조잔해 씨의 승소 판결을 내립니다.

종속 사건

두 사건 A, B에 대해 사건 A가 일어났을 때 B가 일어날 확률과 사건 A가 일어나지 않았을 때 B가 일어날 확률이 다를 때 B는 A에 종속한다고 하고 A, B를 '종속 사건'이라 합니다.
종속 사건의 예를 들어 볼까요? 5명이 모여 제비뽑기를 합니다. 5장의 제비를 만들었고 그중 2개가 벌칙을 받는 제비라고 합시다. 이때 뽑힌 제비는 도로 넣지 않는다는 것을 원칙으로 만듭니다. 이런 것을 '비복원 추출'이라고 하죠.
첫 번째 사람이 한 장을 뽑았습니다. 이때 두 번째 사람이 벌칙 제비를 뽑을 확률은 첫 번째 사람이 벌칙 제비를 뽑았는가 안 뽑았는가에 따라 달라집니다. 확인해 볼까요?

① 첫 번째 사람이 벌칙 제비를 뽑은 경우
이제 4개 중 1개가 벌칙 제비이므로 두 번째 사람이 벌칙 제비를 뽑을 확률은 4분의 1입니다.

② 첫 번째 사람이 벌칙 제비를 안 뽑은 경우
이제 4개 중 2개가 벌칙 제비이므로 두 번째 사람이 벌칙 제비를 뽑을 확률은 4분의 2가 됩니다.
이렇게 두 번째 사람이 벌칙 제비를 뽑을 확률은 첫 번째 사람이 어떤 것을 뽑았는가에 종속됩니다.

윷과 모는 같은 칸을 가야지요?

윷과 모 그리고 도와 걸이 같은 확률을
가지게 되는 이유는 무엇일까요?

민족 고유의 명절 설이 찾아왔다. 사람들은 저마다 고향 길을 찾아 길을 떠났다. 전국의 고속도로는 사람들이 끌고 나온 자동차들로 주차장을 방불케 했다.

고향에서는 집집마다 찾아든 반가운 얼굴들과 마주하느라 웃음소리가 끊이질 않았다. 남녀노소 할 것 없이 모두 모여 앉아 설음식을 장만하고 함께 떡국을 끓여 먹으며 희망찬 새해를 이야기했다.

수학자 이프로 씨의 집안에도 다른 집과 마찬가지로 하하 호호 웃음꽃이 만발했다. 그런데 유독 이프로 씨의 늙은 어머니만은 얼굴이 밝지 못했다.

"어멈아, 아범은 올해도 못 내려온다냐?"

이프로 씨의 어머니가 서운한 표정으로 백분율 씨에게 물었다. 백분율 씨는 이 집안의 맏며느리이자, 이 집안 장손인 이프로 씨의 아내이다.

"네, 어머니."

백분율 씨는 미안한 마음에 어머니 손을 꼭 잡으며 말했다.

이프로 씨는 최근 몇 년 동안 고향을 한 번도 찾아가지 못했다. 수학자로서의 삶이 그를 이렇게 안타까운 신세로 만들어 버렸다. 올해는 또 수학협회에서 마련한 설날 특집 방송 프로그램에 불려 가느라 고향에 내려가지 못했다. 이프로 씨는 어머니가 방송을 통해서나마 자신의 모습을 볼 수 있다는 것에 만족해야 했다.

"어머니, 아범이 텔레비전에 나올 거예요. 그러니 잘 보세요."

백분율 씨는 귀가 어두운 어머니를 위해 입을 어머니 귀 가까이 대고 큰 소리로 말했다. 그리고 집안에 있는 커다란 텔레비전의 전원을 켰다.

설날 특집! 수학자들의 신나는 윷놀이!

텔레비전을 켜자 명랑한 사회자의 목소리가 들려왔다. 이제 막 프로그램이 시작되는 모양이었다. 이프로 씨의 어머니는 텔레비전에 이프로 씨가 나온다는 말에 텔레비전 가까이에 바싹 다가가 앉았다.

"어멈아, 소리 좀 키워 봐."

이프로 씨의 어머니는 소리가 잘 들리지 않는지 백분율 씨를 돌아보며 말했다. 백분율 씨는 텔레비전 소리가 온 집안에 쩌렁쩌렁 울려 퍼질 만큼 크게 볼륨을 높였다. 그러자 집안에 있던 모든 가족들이 텔레비전이 놓여 있는 거실로 나왔다.

"무슨 일이에요?"

이프로 씨의 여동생이 물었다.

"네 오빠가 오늘 텔레비전에 나온다는구나."

이프로 씨의 어머니는 이프로 씨의 여동생에게 자랑하듯이 말했다.

"정말요?"

온 가족이 모여 앉아 이프로 씨가 출연하는 방송 프로그램을 시청하기 시작했다.

"오늘 이곳에는 내로라하는 수학자분들이 다 나오셨습니다. 먼저 수학자들 중 한 분과 인사를 나눠 보도록 하겠습니다. 안녕하세요? 이프로 수학자 님!"

사회자가 마이크를 가져다 댄 사람은 다름 아닌 이프로 씨였다. 이프로 씨가 화면 한가득 잡히자 어머니의 눈에서 눈물이 글썽였다.

"이프로 수학자 님, 새해도 됐고 하니 시청자들에게 새해 인사 한 번 해 주시죠."

이프로 씨는 쭈뼛쭈뼛하다가 마이크를 잡아 들었다.

"예, 안녕하십니까? 확률 전공 수학자 이프로입니다. 새해에는 모두가 건강하고 행복할 수 있었으면 좋겠습니다. 모두들 새해 복 많이 받으십시오."

사회자는 이프로 씨가 말을 마치자 마이크를 다시 받으려 했으나 이프로 씨가 손에 힘을 주고 마이크를 놓지 않았다.

"이…… 이 프로 씨! 마이크 주세요."

사회자가 당황하며 이프로 씨에게만 들릴 정도로 속삭였다.

"아직 할 말이 있어요."

이프로 씨는 여전히 마이크를 잡은 채 사회자에게 속삭였다. 사회자는 이프로 씨에게 마이크 뺏는 것을 포기하고 PD 쪽을 쳐다보았다. PD가 시간이 충분하다는 신호를 보내왔다.

"고향에서 텔레비전을 보고 계실 어머니! 올해도 찾아뵙지 못해 죄송할 따름입니다. 어머니, 다음에 제가 고향에 가서 찾아 뵐 때까지 몸 건강히 계세요. 그리고 새해 복 많이 받으세요."

말을 마친 이프로 씨는 카메라를 향해 큰절을 올렸다. 집에서 이 장면을 지켜보던 이프로 씨의 어머니는 결국 닭똥 같은 눈물을 뚝뚝 흘리셨다.

"자, 그럼 이제 본격적인 게임을 시작해 볼까요?"

사회자의 말과 함께 무대 위에 커다란 윷판과 윷가락들이 준비되었다. 수학자들은 청팀과 홍팀으로 나뉘어졌는데 이프로 씨는 청팀에 들어가게 되었다.

'어머니, 아들이 활약하는 모습을 지켜봐 주세요.'

이프로 씨는 이 게임에서 이겨 어머니를 기쁘게 해 주리라 마음속으로 다짐했다.

먼저 윷을 던진 건 홍팀이었다. 결과는 걸. 홍팀의 말이 먼저 세 칸 앞으로 나갔다. 뒤이어 청팀에서 윷을 던졌다. 결과는 또 걸. 청팀의 말이 홍팀의 말을 잡고, 기회는 다시 청팀에게 주어졌다. 이렇게 잡고 잡아먹히는 윷놀이 게임이 스릴 넘치게 진행되었다.

수학자들이 하는 윷놀이라 뭔가 특별한 게 있을까 기대했지만, 수학자들도 윷놀이를 할 때는 일반 사람들과 다를 게 없었다. 모가 나오면 뛸 듯이 기뻐하고 상대팀 말이 자기 팀의 말을 잡아먹으면 땅을 치고 아쉬워했다.

"네, 잠깐만요!"

사회자가 한창 진행 중인 윷놀이 중간에 끼어들어 윷놀이를 중단시켰다. 수학자들은 무슨 일인지 몰라 어리둥절해하며 사회자를 바라보았다.

"자, 이 시점에서 중간 점수를 점검해 보자고요."

사회자는 커다란 윷판 앞으로 나아갔다.

"청팀은 7개의 말 중 5개의 말이 났습니다. 그리고 홍팀은…… 6

개의 말이 났나요?"

사회자가 윷판 앞으로 더 가까이 다가섰다.

"네! 6개의 말이 났습니다! 이렇게 해서 홍팀의 남은 말이 다시 결승점을 통과하면 홍팀이 이기게 되겠군요. 청팀, 그렇다고 너무 실망하지 마세요. 역전의 기회는 얼마든지 있으니까요."

중간 점수를 확인한 사회자는 다시 뒤로 물러나 윷놀이를 진행시켰다.

윷가락들이 다시 높이 던져졌다. 청팀은 앞서 가고 있는 홍팀의 말 뒤로 바싹 따라붙었다. 이제 5칸만 더 나가면 홍팀의 말을 잡고 역전도 가능했다.

청팀, 이프로 씨의 차례가 되자 윷을 들고 앞으로 나왔다.

"휴!"

이프로 씨는 긴장이 되는지 긴 한숨을 내쉬었다. 그리고 잠시 후, 이프로 씨의 손에 들렸던 윷이 높이 내던져졌다.

'모 나와라, 모 나와라!'

이프로 씨는 마음속으로 모가 나오기를 간절히 기도했다. 그래야만 앞으로 5칸 나갈 수 있고, 홍팀의 말을 잡을 수 있기 때문이었다.

그러나 아쉽게도 이프로 씨가 던진 윷은 모두 뒤집혀 윷을 나타내고 있었다. 한 칸 차이로 홍팀의 말을 잡을 수 없게 되었다.

이프로 씨는 곰곰이 생각했다. 그러고 나서 사회자를 불렀다.

"네, 이프로 씨?"

사회자가 마이크를 들고 이프로 씨에게 다가왔다.

"이 윷놀이에서 한 가지 모순을 발견했습니다."

이프로 씨가 심각한 표정으로 입을 열었다.

"아니, 그게 뭡니까?"

사회자가 놀란 표정으로 물었다.

"확률적으로 윷을 던졌을 때 윷과 모가 나올 확률은 동일합니다. 그런데 왜 윷이 나왔을 때는 4칸을 가고 모가 나왔을 때는 5칸을 가는 겁니까? 제대로 된 윷놀이가 되려면 윷도 5칸을 가도록 규칙을 수정해야 합니다!"

이프로 씨의 의견에 촬영장이 술렁이기 시작했다. 청팀의 수학자들은 이프로 씨의 의견을 지지했고 홍팀의 수학자들은 그건 말도 안 되는 소리라며 반발하고 나섰다.

결국 확률 전공자 이프로 씨에 의해 제기된 이 논쟁은 촬영장에서 그 해답을 찾지 못하고 수학법정으로까지 이어지게 되었다.

윷은 모두 앞면이 나오는 경우이고,
모는 모두 뒷면이 나오는 경우입니다.
따라서 각각이 나올 확률은 같습니다.

윷과 모가 나올 확률은 같을까요?

수학법정에서 알아봅시다.

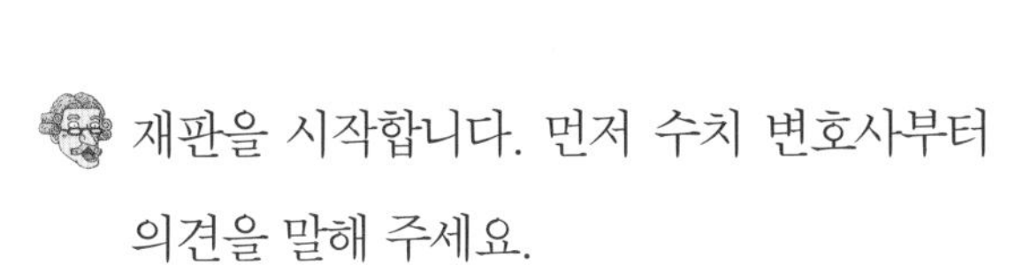

재판을 시작합니다. 먼저 수치 변호사부터 의견을 말해 주세요.

윷놀이는 우리의 오래된 전통 놀이입니다. 그렇다면 뭔가 윷과 모가 확률이 다르기 때문에 윷은 네 칸만 가고 모는 다섯 칸을 가게 한 것은 아닐까요? 당연한 걸 가지고 왜 시비를 거는지 모르겠군요.

매쓰 변호사도 같은 생각입니까?

저는 전혀 다른 생각입니다.

그럼 어떤 생각이죠?

우선 윷은 네 개로 이루어져 있고 앞이 몇 개 나오는가에 따라 도, 개, 걸, 윷, 모라고 부릅니다. 물론 도, 개, 걸, 윷, 모가 나오면 말은 각각 1칸부터 다섯 칸까지를 가게 됩니다.

그건 모두 알고 있는 내용입니다.

그럼 도, 개, 걸, 윷, 모가 나올 확률을 구해 보죠. 우선 전체 경우의 수는 윷 하나가 앞 또는 뒤를 택할 수 있으므로 $2\times2\times2\times2=16$(가지)가 됩니다. 그럼 도는 이중에서 한 개만이 앞이 나오게 됩니다. 4개 중에서 한 개만 앞이 되는 경우의 수는 4가지이므로 도가 나올 확률은 16분의 4입니다.

그럼 개는요?

개는 두 개가 앞이 나와야 합니다. 4개 중에서 두 개가 앞이 나오는 경우의 수는 6가지입니다. 그러므로 개가 나올 확률은 16분의 6이 됩니다.

그런데 확률은 1.5배 증가하는데 개는 2칸 가고 도는 1칸 가는군요.

그렇죠? 뭔가 문제점이 보이죠? 이번에는 걸의 확률입니다. 걸은 네 개 중 세 개가 앞면이 나와야 하는데 이때 경우의 수는 4가지입니다. 그러므로 걸이 나올 확률은 16분의 4입니다.

엥, 뭐예요? 그럼 도와 걸이 나올 확률이 같다는 건가요? 그런데 걸은 3칸을? 이거 뭔가 잘못되었군요!

이런 식으로 하면 윷은 모두 앞면이 나오는 경우인데 그 경우는 한 가지이므로 윷이 나올 확률은 16분의 1이 되고 모는 앞면이 하나도 나오지 않는 경우인데 그 경우의 수 역시 한 가지이므로 모가 나올 확률 또한 16분의 1이 됩니다. 그러므로 윷과 모 그리고 도와 걸은 같은 확률을 가지게 되는 것이죠.

그렇다면 윷놀이의 말의 이동에 대한 규칙을 달리 세워야겠습니다. 전문가와 의논하여 새로운 수학적인 윷판을 만들도록 하겠습니다.

 독립 사건

두 사건 A, B에 대해 사건 A가 일어났을 때 B가 일어날 확률과 사건 A가 일어나지 않았을 때 B가 일어날 확률이 같을 때 B는 A에 대해 독립이라고 하고 A, B를 '독립 사건'이라 합니다.

독립 사건의 예를 들어 봅시다. 5명이 모여 제비뽑기를 한다고 가정을 해 보죠. 5장의 제비를 만들었고 그중 2개가 벌칙을 받는 제비라고 할 때, 이때 뽑힌 제비를 도로 넣기로 합시다. 이런 것을 '복원 추출'이라고 합니다. 첫 번째 사람이 한 장을 뽑았습니다. 이때 두 번째 사람이 벌칙 제비를 뽑을 확률은 첫 번째 사람이 벌칙 제비를 뽑았는가 안 뽑았는가에 따라 달라지지 않습니다.

① 첫 번째 사람이 벌칙 제비를 뽑은 경우

도로 넣었으므로 5개 중 2개가 벌칙 제비이므로 두 번째 사람이 벌칙 제비를 뽑을 확률은 5분의 2입니다.

② 첫 번째 사람이 벌칙 제비를 안 뽑은 경우

이 경우에도 도로 넣었으므로 5개 중 2개가 벌칙 제비이므로 두 번째 사람이 벌칙 제비를 뽑을 확률은 5분의 2가 됩니다.

이렇게 두 번째 사람이 벌칙 제비를 뽑을 확률은 첫 번째 사람이 어떤 것을 뽑았는가에 영향을 받지 않고 독립적인 것이죠.

이상한 주사위

도박사와 노다지 중 이길 확률이
더 큰 사람은 누구일까요?

노다지 씨는 벌써 1년째 직장 없이 백수로 지내고 있었다. 그는 매일같이 무료 신문과 씨름하며 직장 구하기에 혼신의 힘을 쏟았다.

"따르르릉, 따르르릉."

"네, 블루산업입니다."

"여, 여보세요? 직원을 구한다고 해서 전화드렸는데요. 아직 사람을 구하나요?"

노다지 씨가 조심스럽게 물었다.

"네, 아직 구하고 있어요. 내일 이력서를 들고 저희 공장에 한번 찾아오시겠어요?"

"네? 네! 네! 찾아가고말고요! 그럼 내일 뵙겠습니다."

노다지 씨는 전화기에다 고개를 조아리며 연신 인사를 해 댔다.

"감사합니다! 감사합니다!"

다음 날, 노다지 씨는 이력서를 들고 블루산업을 찾아갔다. 블루산업은 대기업에서 생산되는 에어컨에 부속품으로 들어가는 제품을 만드는 공장이었다.

"여기가 블루산업인가요?"

노다지 씨가 공장 안에서 분주하게 움직이는 한 여자를 붙잡고 물었다.

"네, 맞습니다. 혹시 어제 전화 주신 분?"

"아, 네!"

노다지 씨는 정자세로 허리를 꼿꼿이 세우고 우렁차게 대답했다.

"그렇군요. 말씀드린 이력서는 가지고 오셨나요?"

"여기 있습니다."

노다지 씨는 가방에서 이력서를 꺼냈다.

"음, 예전에 화장실 변기 만드는 공장에서 일해 보신 경험이 있으시군요? 이 경험이 우리 공장에서 일하는 데 많은 도움이 될 것 같아요. 어디 한번 같이 일해 봅시다."

여자는 노다지 씨에게 손을 내밀며 악수를 청했다. 그러나 노다지 씨는 이런 일을 일개 직원이 혼자 결정해도 되나 생각하며 어리둥절한 표정으로 서 있었다. 그런 노다지 씨의 모습을 보고 여자가 눈치를 챘는지 내민 손을 거두며 말했다.

"아, 제 소개가 늦었군요. 저는 블루산업의 사장 오야붕입니다."

노다지 씨는 눈앞에 서 있는 여자가 사장이라는 말에 깜짝 놀랐다. 여자가, 그것도 젊은 여자가 이런 공장의 사장이라니! 노다지 씨는 방금 전 자신의 무례함을 떠올리며 허리를 90도로 굽혔다.

"사장님! 몰라 봬서 정말 죄송합니다!"

그러나 오야붕 씨는 웃으며 노다지 씨를 일으켜 세웠다.

"다들 제가 사장이라 하면 그런 반응이더군요. 깜짝 놀라거나, 무시하거나. 노다지 씨, 시대가 변했어요. 여자라서 이런 공장을 꾸리지 못할 거라 생각하시면 큰 오산이에요. 함께 일하다 보면 우먼 파워가 얼마나 강한지 알게 되실 겁니다. 앞으로의 생활이 기대되는군요."

블루산업의 여사장, 오야붕 씨가 다시 한 번 손을 내밀었다. 노다지 씨는 자신의 손바닥을 바지에 한번 슥슥 닦고 오야붕 씨의 손을 잡았다.

"네! 열심히 하겠습니다!"

그날, 노다지 씨는 첫 대면에서의 실수를 만회하기 위해 몸을 아끼지 않고 일했다. 무거운 물건을 나서서 옮기는가 하면 동료들에게 커피를 타서 대접하고 공장 화장실의 쓰레기통을 비우는 등, 노다지 씨의 활약은 대단했다.

고단한 하루를 마치고 집으로 돌아오던 노다지 씨는 육교 위에서 젊은 여자가 작은 상을 펼쳐 놓고 앉아 있는 것을 목격했다. 호기심이 발동한 노다지 씨는 육교 위를 천천히 걸으며 그 여자가 무엇을 하는지 유심히 살펴보았다.

여자 앞에 있는 상 위에는 4개의 주사위가 놓여 있었다. 그날 하루, 우먼 파워를 뼈저리게 실감한 노다지 씨는 그 여자도 무슨 대단한 일을 하는 사람이 아닐까 생각하며 그녀를 뚫어지게 쳐다보았다. 그때 노다지 씨와 그 여자의 눈이 마주쳤다.

"헉!"

노다지 씨는 화들짝 놀라며 시선을 피했다. 그리고 잠시 후, 다시 고개를 돌려보았다. 여자는 노다지 씨에게 가까이 와 보라는 시늉을 하고 있었다.

"저, 저요?"

노다지 씨는 그렇게 말하고 주위를 둘러보았다. 주위에 사람은 아무도 없었다. 여자는 고개를 끄덕였다. 노다지 씨는 엉거주춤하며 여자 앞으로 나갔다.

"아저씨! 저랑 내기 하나 해요."

여자는 다짜고짜 노다지 씨에게 내기를 하자고 했다.

"내기……라니요?"

"제 이름은 도박사예요. 저는 지금 아저씨에게서 큰돈을 뺏을 수도 있고 또 반대로 큰돈을 안겨 줄 수도 있죠."

노다지 씨는 도박사 씨의 당돌한 태도에 할 말을 잃고 멍하니 바라만 봤다. 도박사 씨는 계속해서 말했다.

"아저씨, 돈 좋아하시죠? 그리고 지금 퇴근하는 길이시죠?"

노다지 씨는 도박사 씨의 말에 화들짝 놀라며 대답했다.

"그……걸 어떻게……."

"다 아는 수가 있죠!"

노다지 씨는 자기 앞에 앉아 있는 여자에게 자신의 속마음을 모두 들키고 있는 것만 같은 느낌이 들었다.

'킥킥킥, 순진하시긴! 세상에 돈 싫어하는 사람이 어디 있어? 그리고 이 시간에 퇴근하지, 그럼 출근하나? 킥킥킥.'

도박사 씨는 속으로 노다지 씨를 마음껏 비웃었다.

"자, 어때요? 한번 해 보시겠어요?"

도박사 씨가 얼이 빠져 있는 노다지 씨에게 다시 말을 걸었다. 노다지 씨는 도박사 씨에게서 벗어날 수 없는 마력에 빠져든 것만 같았다. 그리고 그 속에서 거금을 손에 쥘 수 있을 것 같은 느낌이 들었다.

"네, 무슨 내긴지 한번 해 봅시다."

결국 노다지 씨는 육교 위에서 만난 도박사 씨의 제안을 받아들였다.

도박사 씨는 상 위에 놓여 있던 주사위 중 두 개를 노다지 씨 앞으로 내밀었다. 그리고 자신은 상 위에 남아 있는 나머지 두 개의 주사위를 집어들었다.

"방법은 간단해요. 주사위 두 개를 던져서 눈의 합이 10보다 큰 사람이 돈을 가져가는 거죠. 주사위를 보면 아시겠지만 아저씨 주사위에는 4가 표시된 한 부분이 지워져 있어요. 그리고 제 주사위에는 1과 2가 표시된 두 부분이 지워져 있지요. 지워진 부분이 나올 경우 점수 계산은 0으로 합니다. 자, 그럼 어디 한번 시작해 볼까요?"

노다지 씨는 자신이 받은 주사위를 살펴보았다. 정말로 4가 표시되어 있어야 할 부분이 지워져 있었다.

'나쁘지 않아. 저 여자는 주사위의 두 부분이 지워져 있기 때문에 확률적으로 0이 나올 가능성이 더 높지.'

노다지 씨는 머릿속으로 이같이 생각한 뒤 주사위를 내던졌다. 노다지 씨의 주사위는 6과 5를 가리키고 있었다.

이번에는 도박사 씨가 주사위를 던졌다. 도박사 씨의 주사위는 2와 5를 가리키고 있었다. 도박사 씨의 점수는 5였다.

"앗싸!"

첫 번째 판의 판돈은 노다지 씨의 몫이 되었다. 그렇게 해가 저물도록 노다지 씨와 도박사 씨의 내기가 계속되었다.

시계는 어느덧 자정을 가리키고 있었다. 그런데 이상하게 시간이 지날수록 노다지 씨의 주머니는 가벼워져만 갔고, 도박사 씨의 상위에는 돈이 수북이 쌓여 갔다. 노다지 씨는 잃은 돈이 억울해 그 자리를 떠날 수 없었다. 그러나 게임이 진행되면 진행될수록 잃는 돈이 더 많아졌다.

결국 노다지 씨는 가지고 있던 돈이 모두 털리고 난 뒤에야 그 자리를 떴다. 그는 마치 귀신에 홀린 듯한 기분이 들었다.

"이상해. 나 혹시, 사기당한 거 아닐까?"

그제야 정신이 돌아온 노다지 씨는 귀신에게 홀린 게 아니라 도박사 씨에게 사기를 당한 것이라는 생각이 들었다. 그러나 뒤돌아봤을 때 도박사 씨의 모습은 보이지 않았다.

노다지 씨는 당장 수학법정으로 달려가 육교 위의 도박사 씨를 사기 혐의로 고소했다.

주사위 두 개를 던져서 눈의 합이 10보다 큰 경우의
게임에서 1과 2의 눈은 게임의 승패에
어떠한 영향도 주지 않습니다.

도박사와 노다지 중
누가 이길 확률이 높을까요?
수학법정에서 알아봅시다.

재판을 시작합니다. 먼저 도박사 씨 측 변론하세요.

도박사 씨의 주사위는 1과 2가 지워져 있고 노다지 씨의 주사위는 4 하나만 지워져 있습니다. 그러므로 노다지 씨가 당연히 유리한 경기를 한 거죠. 그런데도 돈을 잃었으니 운이 안 따랐다고밖에 생각할 수 없습니다. 그러므로 도박사 씨의 책임은 없다는 게 저의 주장입니다.

매쓰 변호사 변론하세요.

과연 그럴까요?

무슨 의미요?

도박사 씨의 지워진 눈은 어차피 게임의 승패에 아무 작용도 안 합니다.

그게 무슨 말이죠?

1과 2의 눈에는 어떤 눈을 더해도 10 이상이 될 수 없으니까요.

그렇군요. 그럼 노다지 씨의 주사위는요?

노다지 씨의 주사위에서는 4가 지워졌어요. 4는 6의 눈을 만나면 10이 되잖아요? 그러니까 이길 수 있는 경우가 두 경우나 사라진 거죠.

왜 두 경우죠?

두 개의 주사위니까 4와 6 그리고 6과 4 이렇게 두 경우가 사라지는 거죠.

그렇군요. 그렇다면 누가 이길 확률이 더 큰 거죠?

그건 간단히 계산할 수 있어요. 우선 도 박사의 두 주사위에서는 10 이상이 나오는 경우가 (4, 6) (5, 5) (5, 6) (6, 4) (6, 5) (6, 6)의 여섯 가지 경우이므로 도 박사 씨의 경우 10 이상이 될 확률은 36분의 6이 됩니다.

> **확률**
>
> 세 명의 사수 A, B, C가 표적을 맞출 확률은 각각 $\frac{1}{2}$, $\frac{1}{3}$, $\frac{1}{5}$ 입니다.
> 세 명이 표적을 한 번씩 쏠 때 세 명 모두 표적에 맞출 확률을 구해 봅시다.
> 사수 A, B, C가 표적을 맞추는 사건을 각각 A, B, C라고 했을 때 사수들이 서로에게 영향을 주지 않으므로 사건 A, B, C는 독립입니다. 그러므로 구하는 확률은 $\frac{1}{2}\times\frac{1}{3}\times\frac{1}{5}=\frac{1}{30}$ 이 됩니다.

그럼 노다지 씨는요?

노다지 씨의 두 주사위에는 4가 지워졌으므로 (5, 5) (5, 6) (6, 5) (6, 6)의 네 가지 경우만이 10 이상이 되므로 노다지 씨가 10 이상이 될 확률은 36분의 4가 됩니다.

노다지 씨의 확률이 더 작군요.

그렇습니다. 그러므로 이 게임은 계속하면 결국 노다지 씨에게 불리한 게임이 됩니다.

알겠습니다. 우리는 수학적으로 공정하지 않은 게임은 인정하지 않는다는 판례를 들어 이번 사건의 경우도 정상적인 게임으로 인정할 수 없다고 판결합니다.

수학성적 끌어올리기

확률

사건 A가 일어날 가능성을 수로 나타낸 것을 '확률'이라 하며 P(A)로 나타냅니다. 이때 사건 A가 일어날 확률은 다음과 같이 정의됩니다.

$$P(A)=\frac{(\text{사건 A가 일어나는 경우의 수})}{(\text{일어나는 모든 경우의 수})}$$

예를 들어 동전을 던져 앞면이 나오는 사건 A의 확률을 구해 봅시다. 일어날 수 있는 모든 경우는 다음과 같습니다.

- 앞이 나온다.
- 뒤가 나온다.

즉 일어나는 모든 경우의 수는 두 가지이고 앞면이 나오는 사건 A의 경우의 수는 한 가지이므로 $P(A)=\frac{1}{2}$이 됩니다.

다른 예로 주사위를 던져 홀수의 눈이 나오는 사건 B의 확률을 구해 봅시다. 이때 일어나는 모든 경우는 다음과 같습니다.

- 1의 눈이 나온다.
- 2의 눈이 나온다.
- 3의 눈이 나온다.
- 4의 눈이 나온다.
- 5의 눈이 나온다.
- 6의 눈이 나온다.

그러므로 일어나는 모든 경우의 수는 6가지이고 홀수의 눈이 나오는 사건 B의 경우의 수는 3가지이므로 $P(B) = \frac{3}{6} = \frac{1}{2}$ 이 됩니다.

통계적 확률

같은 시행을 n번 반복했을 때 사건 A가 일어난 횟수를 k_n이라고 봅시다. n을 한없이 크게 할 때 $\frac{k_n}{n}$ 이 일정한 값에 가까워지면 확률 p를 사건 A의 '통계적 확률'이라 합니다. 예를 들어 어떤 야구 선수가 1,000번의 타석에서 345번 안타를 쳤습니다. 이 선수가 안타를 칠 통계적 확률은 $\frac{345}{1000}$ 가 되는 것이죠.

수학성적 끌어올리기

확률의 기본 성질

확률의 정의를 다시 생각해 봅시다.

$$\text{사건 A가 일어날 확률} = P(A) = \frac{(\text{사건 A가 일어나는 경우의 수})}{(\text{일어나는 모든 경우의 수})}$$

이때 사건 A를 일어날 수 있는 모든 경우로 택하면 사건 A가 일어날 확률은 정의에 의해 1이 됩니다. 예를 들어 동전을 던져 앞면 또는 뒷면이 나올 확률은 1이 됩니다.

이번에는 사건 A가 전혀 일어나지 않는 경우라고 하면 이때 사건 A가 일어날 확률은 0이 됩니다. 예를 들어 보통의 주사위를 던졌을 때 7의 눈이 나오는 경우는 없으므로 7의 눈이 나올 확률은 0이 됩니다.

통계에 관한 사건

평균 – 평균 빨리 구하기

비둘기 집의 원리 – 같은 색 양말을 찾아라

기댓값 – OX 수학 시험

평균 빨리 구하기

가평균을 이용하면 평균을
빨리 구할 수 있을까요?

한 초등학교 교실에서 학생들이 앙탈을 부리는 소리가 교문 밖까지 들려왔다.

"아이……"

"싫어요!"

"안 돼요!"

"선생님, 제발! 엉엉."

계구진 씨는 교탁 앞에 서서 장난끼 어린 미소로 아이들을 쳐다보고 있었다.

"자, 자! 조용, 조용!"

계구진 씨는 지휘봉으로 교탁을 탁탁 치며 소리쳤다.

"그러게 평소 열심히 공부를 했어야지! 시험은 예정대로 다음 주 월요일에 치를 것이다! 모두들 주말 동안 열심히 공부해 오도록! 이상!"

전달 사항을 마친 계구진 씨는 교실 문을 열고 밖으로 나갔다. 금요일 오후, 가방을 챙기는 아이들의 표정은 하나같이 울상이었다.

"놀자야, 넌 공부 좀 했니?"

형설이가 짝꿍인 놀자에게 물었다.

"아니, 너도 알다시피 나 공부에 취미 없잖아. 어제도 밤새도록 놀기만 했는걸. 넌?"

놀자는 시험 걱정이 되지 않는 듯했다.

"난 오늘부터 공부하려고. 휴!"

형설이는 깊은 한숨을 내쉬었다.

그날 저녁부터 형설이는 책상 앞에 앉아 열심히 공부했다. 토요일 내내 국어, 영어, 사회, 과학 공부를 끝내고 일요일 아침엔 수학 공부를 시작했다.

"우리 형설이가 열심히 공부하는구나."

엄마가 접시에 담긴 달콤한 과일을 들고 형설이 방으로 들어왔다.

"네, 엄마. 이제 막 수학 공부를 시작하려는데 공부가 잘 되지 않아요. 특히 평균 구하는 문제가 어려워요. 숫자가 많아 계산하는 데도 시간이 오래 걸리고, 또 많은 숫자를 계산하다 보니 중간에 실수를 해요."

눈에 다크서클이 잔뜩 낀 형설이가 애처로운 눈으로 엄마를 바라보며 말했다. 엄마는 형설이 옆으로 다가와 책상 위에 과일을 놓았다. 그리고 손으로 형설이의 머리를 쓰다듬어 주었다.

"형설아, 계속 연습하다 보면 잘될 거야. 힘내!"

형설이는 엄마의 응원에 힘을 얻었다. 형설이의 엄마는 형설이네 학교와 조금 떨어진 곳에 있는 초등학교 선생님으로 계시는데 항상 형설이의 든든한 지원군이시다.

엄마가 방을 나가자 형설이는 과일을 집어먹으며 다시 공부에 열중했다. 형설이가 공부에 집중하는 사이 날은 어두워져 저녁이 되었다. 엄마와 함께 저녁을 먹은 형설이는 다시 책상 앞에 앉았다.

"휴, 내일만 지나면 TV도 실컷 보고 친구들이랑 축구도 해야지!"

형설이는 다시 마음을 다잡으며 수학책을 펼쳤다. 그런데 그때 갑자기 형광등 불이 깜빡이더니 곧 불이 꺼져 버렸다.

"어? 이 중요한 시점에 뭐야?"

형설이는 형광등을 갈기 위해 창고로 가 새 형광등을 찾아보았다. 그런데 아무리 찾아도 형광등은 보이지 않았다.

"어? 어떻게 하지?"

잠시 고민에 빠졌던 형설이는 집 밖에 있는 개울가로 뛰어나갔다. 그곳은 반딧불이가 많기로 유명한 곳이었다. 형설이는 반딧불이 10마리를 잡아 다시 집으로 돌아왔다.

"휴, 이제 됐다!"

형설이는 반딧불이 10마리를 넣은 유리병을 책상 위에 올려놓고 그 불빛으로 책을 읽어 나가기 시작했다. 형설이는 몸으로 '형설지공'이란 사자 성어를 실천하고 있었다.

자정이 다 되어 갈 무렵, 형설이는 그 시간까지 잠들지 않고 있었다. 그때 형설이의 엄마가 형설이 방으로 들어오셨다.

"형설아, 아직 공부 못 끝냈니?"

"네, 조금만 더 보다 잘게요."

"형설아, 그런데 방이 왜 이렇게 어둡니?"

엄마가 방을 두리번거리며 물으셨다.

"아, 이거요? 형광등이 나가 버렸어요. 그래서 급한 대로 집 앞에서 반딧불이를 잡아 왔지요."

형설이는 아무렇지도 않게 대답했다. 그러나 그런 형설이를 보는 엄마의 마음은 아팠다. 평소 효성이 지극하기로 소문난 형설이는 엄마를 귀찮게 하지 않으려고 형광등이 나간 불편함을 엄마에게 말하지 않았던 것이다.

형설이의 집에는 형설이가 세 살 되던 해부터 아버지가 안 계셨다. 형설이가 세 살 되던 해, 불의의 사고로 돌아가셨기 때문이다. 그때부터 형설이 엄마는 혼자 힘으로 형설이를 키워 오셨다. 형설이는 그런 엄마의 어려움을 잘 알고 있었고, 그래서 웬만한 일은 혼자서 해결하려 했다.

어린 형설이를 혼자 두고 잘 수 없었던 엄마는 형설이 옆에 자리를 잡고 앉으셨다.

"형설아, 아까 평균 구하는 문제가 어렵다고 했지? 엄마가 조금 가르쳐 줄게."

그렇게 해서 그날 밤, 형설이 엄마는 형설이의 일일 가정 교사가 되어 함께 공부했다.

드디어 계구진 선생님이 예고하신 월요일이 되었다. 친구들은 시험에 나올 만한 문제들을 다시 한 번 점검해 보느라 정신이 없었다.

"놀자야, 너 설마 어제도 논 건 아니지?"

짝꿍인 놀자가 걱정된 형설이가 놀자에게 물었다.

"어제? 어제는 줄넘기 하고 놀았는데? 왜?"

놀자는 오늘이 시험이라는 사실조차 까맣게 잊고 있는 듯했다. 할 말을 잃은 형설이는 다시 공부에 집중했다.

잠시 후 선생님이 교실로 들어오시고 시험이 시작되었다. 1교시 국어, 2교시 영어, 3교시 사회, 4교시 과학 시험이 차례로 치러지고 점심 시간이 되었다.

"야, 너 1번에 뭐라고 썼니?"

"1번? 그거 4번이라고 썼어. 정답 4번 아니야?"

"뭐? 4번이라고? 난 2번이라고 썼는데?"

"니들 지금 무슨 소리하는 거야? 1번 답은 3번이야."

아이들은 점심을 먹는 내내 시험 문제의 답을 맞혀 보느라 정신이 없었다.

점심 시간이 끝나고, 아이들이 가장 두려워하는 수학 시험 시간이 되었다. 계구진 선생님이 개구쟁이 같은 표정을 지은 채 교실로 들어오셨다.

"자, 자! 조용. 이번 수학 시험은 다른 때와 다른 방식으로 치러진다."

선생님의 말에 아이들은 쥐 죽은 듯 조용해졌다.

"예전에는 60분 동안 20문제를 풀었지? 그런데 오늘은 시험 문제가 확 줄었다."

아이들은 기대에 찬 눈빛으로 선생님의 다음 말씀을 기다렸다.

"시험 문제는…… 단 한 문제! 시험 시간은 10분!"

20분 동안 한 문제만 풀면 된다는 계구진 선생님의 말을 들은 아이들의 표정이 방긋방긋 피어났다. 그런 아이들을 바라보는 선생님의 얼굴에는 다시 개구쟁이 같은 미소가 번지고 있었다.

'몇 명이나 푸는지 어디 한번 보자. 킥킥킥.'

예상대로 시험지를 받아든 아이들의 표정은 다시 울상이 되어 버렸다. 시험지에는 평균을 구하는 문제 하나가 실려 있었다.

다음의 학급 시험 점수의 평균을 구하시오.

97, 99, 100, 98, 96, 95, 99, 97, 100, 95

계구진 선생님은 학생들이 이 문제를 가지고 몇 분 동안 끙끙거리며 씨름할 것이라고 생각했다. 그런데 시험이 시작된 지 채 2분도 되기 전에 형설이가 시험지를 제출하고 교실을 빠져나갔다.

계구진 선생님은 자신의 예상을 뒤집은 형설이의 시험지를 들어 보았다. 형설이가 시험지에 적어 놓은 답은 정답이었다. 계구진 선생님은 형설이를 괘씸하게 생각하며 영점 처리해 버렸다. 형설이가 학원에서 문제 푸는 요령만 배워 온 것이라 생각했기 때문이다.

이 사실을 전해 들은 형설이 엄마는 잔뜩 화가 났다. 형설이 엄마는 잘 알아보지도 않고 형설이의 시험 점수를 영점 처리한 계구진 선생님을 수학법정에 고소해 버렸다.

평균을 빨리 구하는 방법으로
가평균을 이용하면 매우 편리합니다.

평균을 빨리 구하는 방법은 뭘까요?

수학법정에서 알아봅시다.

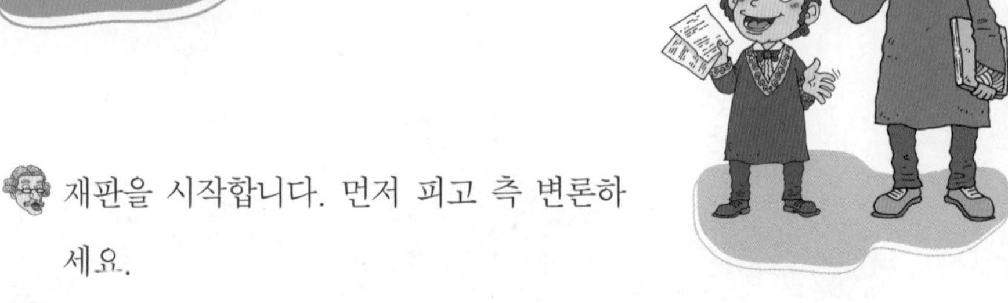

재판을 시작합니다. 먼저 피고 측 변론하세요.

요즘 사교육 때문에 아이들이 망가지고 있습니다. 그러니까 학원에서 이상한 꼼수만 배워서 수학 문제를 쉽게 푸는 방법만 터득하거나 예상 문제의 답만 외워 푼다든가 하는 일들이 벌어지고 있습니다. 그런 의미에서 볼 때 이번 선생님의 결정은 정당했다고 봅니다.

원고 측 변론하세요.

평균 연구소의 김중앙 박사를 증인으로 요청합니다.

노란 우비를 걸쳐 입은 40대 남자가 증인석에 앉았다.

증인은 무슨 일을 하고 있지요?

평균에 대한 연구를 하고 있습니다.

평균이 뭐죠?

모든 점수를 더한 다음에 학생 수로 나눈 값입니다.

점수의 평균이군요.

맞습니다. 예를 들어 3과 5의 평균은 3과 5를 더해 2로 나눈 값인 4가 됩니다.

가운데 있는 수가 되는군요.

두 수의 평균이지요.

그럼 본론으로 들어가서 평균을 빨리 구하는 방법이 있나요?

가평균을 이용하는 겁니다.

그게 뭐죠?

예를 들어 다음 점수들을 보세요.

98, 99, 97

평균이 얼마죠?

가만, 계산을 해 봐야겠는데요?

머리 셈으로 해 보세요.

내 머리로는 힘들겠는데요.

이럴 때 가평균을 이용합니다. 예를 들어 가장 작은 수인 97을 가평균으로 택하고 원래의 점수들에서 가평균을 뺀 값을 적어 보죠.

1, 2, 0

이 세 수의 평균은 얼마죠?

1이죠.

그것을 가평균에 더하면 바로 답이 됩니다. 즉 세 수 99, 98, 97의 평균은 98이 되지요.

허허, 간단한 셈법이 있었군요.

그렇습니다.

판사님, 어때요? 그럼 게임이 끝났지요?

그런 거 같군요. 선생님들이 일선 현장에서 고생하시는 것은 이해가 가지만 우리 과학공화국에도 여덟 살에 수열 이론을 만들어 낸 가우스처럼 천재가 있을 수 있다는 점을 인정하시고, 그런 수학 천재들이 어릴 때부터 오해를 사지 않도록 배려해 주는 것이 필요하다고 여겨집니다. 따라서 선생님한테는 수학 영재 교육 연수를 명합니다.

평균 구하기

두 수 a, b의 평균은 10이고 세 수 c, d, e의 평균은 20일 때 a, b, c, d, e의 평균을 구해 봅시다.
a, b의 평균은 10이니까 $\frac{a+b}{2}=10$에서 $a+b=20$이 되고, c, d, e의 평균이 12이니까 $\frac{c+d+e}{3}=12$에서 $c+d+e=36$이 됩니다.

그럼 a, b, c, d, e의 평균 m을 구해 봅시다.
$m=\frac{a+b+c+d+e}{5}$ 이고 $a+b=20$과 $c+d+e=36$을 넣으면 $m=\frac{20+36}{5}=11.2$ 됩니다.

같은 색 양말을 찾아라

정전된 상태에서 같은 색 양말을
찾을 수 있는 확률은 얼마일까요?

대기업의 서류 전형과 면접을 통과한 신사원 씨가 회사에서 마련한 합숙 훈련에 참가하게 되었다.

이번 합숙 훈련은 예비 신입 사원의 정신 상태를 점검하기 위한 것으로 이 과정을 통과해야만 이 기업의 정식 신입 사원이 될 수 있었다. 합숙 훈련 가는 날 아침, 신사원 씨의 알람 시계가 요란하게 울려 댔다.

"띠리리리, 띠리리리."

"윽!"

신사원 씨는 이불 속에서 손을 꺼내 알람 시계를 꺼 버렸다. 그리고 30분 뒤.

"헉!"

머릿속에 합숙 훈련이 떠오른 신사원 씨는 급하게 이불을 걷어차고 일어났다. 시계는 벌써 7시 30분을 가리키고 있었다.

"큰일 났다! 8시까지 회사 앞으로 가야 하는데!"

신사원 씨는 급한 대로 얼굴에 물만 묻힌 채 집을 뛰쳐나갔다. 그때 시간이 7시 38분이었다.

회사는 신사원 씨의 집에서 택시를 타고 20분 정도 걸리는 거리에 있었다. 집을 나선 신사원 씨는 당장 택시를 잡아탔다.

"어서 오십쇼. 어디로 모실까요?"

"아저씨! 대기업으로 가 주세요. 급하니까 최대한 빨리 가 주세요."

너무 마음이 조급했던 신사원 씨는 집에서 옷을 갈아입을 수가 없었다. 그는 택시를 타고 회사로 가는 20분 동안, 집에서 챙겨 온 옷과 양발, 신발 등을 입고 신었다. 그러니까 신사원 씨는 아까 얼굴에 물만 묻힌 채 잠옷 바람으로 집을 뛰쳐나왔던 것이었다.

"손님, 다 왔습니다. 4,100달란 되겠습니다."

택시 기사의 말에 신사원 씨는 허둥지둥 자신의 지갑을 뒤졌다. 시간은 7시 58분. 지갑 속에는 만 달란짜리 지폐만 들어 있었다.

"윽! 아저씨 여기요! 잔돈은 됐습니다!"

신사원 씨는 눈물을 머금고 택시비 만 달란을 지불했다. 잔돈을 받는다고 꾸물대다간 합숙 훈련에 참가하지 못할 수도 있기 때문이었다.

택시에서 내린 신사원 씨는 회사 정문을 향해 눈썹이 휘날리도록 달렸다. 정문 앞은 이번 합숙 훈련에 참여하는 사람들로 북적이고 있었다.

"헥헥헥."

신사원 씨는 숨을 헐떡이며 그 무리 안으로 들어갔다. 그때 시간이 7시 59분 58초.

"신사원 씨?"

때마침 인원을 체크하던 조교가 신사원 씨의 이름을 불렀다.

"네! 신사원 여기 있습니다."

신사원 씨는 손을 번쩍 들어 올리며 큰 소리로 대답했다.

조교가 다른 사람들의 이름을 부르는 동안, 신사원 씨는 주위를 둘러보았다.

'와! 무슨 사람이 이렇게 많아? 여기서 살아남으려면 정신 똑바로 차려야겠는걸!'

신사원 씨의 눈에는 주위에 있는 모든 사람들이 경쟁자로 보였다. 그는 두 눈에 힘을 팍 주고 주먹을 꽉 쥐며 이번 합숙 훈련에 대한 의지를 불태웠다.

잠시 후, 우여곡절 끝에 합숙 훈련장으로 떠나는 버스에 올라타게 되었다. 신사원 씨가 앞으로 일주일간 참여하게 되는 합숙 훈련은 엘리베이터산의 기숙사에서 이루어졌다.

엘리베이터산의 기숙사에 도착하자 조교가 앞으로의 생활에 대해 자세히 설명해 주었다.

"여러분! 여러분은 지금 수백 대 일의 경쟁률을 뚫고 여기까지 왔습니다. 그러나 이게 끝이 아닙니다. 여러분에게는 또다시 수십 대 일의 경쟁률을 뚫고 살아남아야 할 과제가 남아 있습니다. 이번 합숙 훈련은 서바이벌 방식으로 진행됩니다. 회사가 원하는 인재상과 거리가 먼 사람은 가차 없이 탈락되는 것이죠. 그렇게 해서 마지막까지 살아남은 사람이 우리 대기업의 신입 사원으로 채용될 것입니다. 각오는 단단히 하셨겠지요?"

"네!"

각오를 단단히 하고 온 사람들이 배에 힘을 꽉 준 채 저마다 큰 소리로 대답했다.

"오늘은 여기까지 오시느라 피곤하실 줄로 압니다. 그래서 내일 새벽 5시까지만 자유 시간을 드리겠습니다. 엘리베이터산에 처음 오시는 분들은 주변 경치도 구경하면서 잠깐의 여유를 즐기시기 바랍니다. 그 전에 기숙사 방 배정부터 하겠습니다. 신사원 씨?"

조교가 신사원 씨의 이름을 불렀다. 정신을 놓고 있던 신사원 씨는 깜짝 놀라며 한 박자 늦게 대답했다.

"네? 네!"

"신사원 씨, 정신 똑바로 차리세요. 그렇게 해서 이 치열한 경쟁률을 뚫을 수 있겠습니까?"

곧 조교의 따끔한 질타가 이어졌다.

"아, 아닙니다!"

신사원 씨는 정신이 번쩍 들었다. 조교는 잠시 서류를 뒤적거리더니 신사원 씨의 방을 안내해 주었다.

"신사원 씨는 613호 방으로 가 주세요."

신사원 씨는 613호 방으로 가 자신의 짐을 풀었다. 방에는 텔레비전, 컴퓨터, 냉장고, 세탁기, 침대, 옷장 등등 없는 것이 없었다.

"와! 이거 최신형 컴퓨터잖아? 오! 이건 그 말로만 듣던 드럼세탁기? 우리 집보다 훨씬 좋구나! 역시 대기업이라 다르긴 달라!"

신사원 씨는 정신없이 방을 둘러보았다. 방을 둘러보던 그는 잠시 후 서랍장 앞으로 다가갔다. 서랍에는 '흰 양말 50, 검은 양말 50'이라는 글자가 붙어 있었다.

"양말이 들었단 말인가?"

신사원 씨는 그 서랍을 열어 보았다. 서랍 속에는 짝이 맞춰지지 않은 양말 수십 개가 마구 뒤섞여 있었다.

"뭐야? 흰 양말이랑 검은 양말밖에 없는 거야?"

신사원 씨는 양말들을 뒤적거려 보았다.

"모양도 다 똑같은 양말뿐이잖아? 사람들이 감각이 없군. 대기업답지 못해. 하긴 대기업이라고 완벽할 순 없지."

신사원 씨는 그렇게 혼자 중얼거리고는 침대에 벌러덩 누웠다.

"침대 쿠션 감이 장난이 아니군!"

아침잠을 설친 신사원 씨는 푹신한 침대 위에서 그렇게 잠들어 가고 있었다.

그날 저녁, 기숙사 전체에 비상벨이 울리기 시작했다.

"웽, 웽웽."

곧이어 조교의 목소리가 스피커를 통해 들려왔다.

"아아, 여러분! 비상소집입니다. 1분 뒤 야외 공연장으로 모여 주십시오! 날씨가 추우니 서랍 속에 준비된 양말을 꼭 챙겨서 신고 나오십시오!"

그런데 그때였다. 조교의 말이 끝나자마자 기숙사 전체의 전원이 나가 버렸다. 사람들은 우왕좌왕하기 시작했다.

"뭐지? 아무것도 안 보이잖아?"

밖의 소란스런 소리에 잠을 깬 신사원 씨는 눈을 비비며 문을 열었다. 신사원 씨는 급하게 뛰어다니는 사람을 붙잡고 물었다.

"무슨 일입니까?"

"지금 비상소집한다고 야외 공연장으로 나오래요!"

그 사람은 급하게 말을 내뱉고 앞으로 쭉 뛰어가더니 다시 뒤로 달려와 말했다.

"아! 밖이 너무 추우니 서랍 속 양말을 꼭 챙겨 신고 나오래요!"

신사원 씨는 비상소집이란 말에 정신없이 움직이기 시작했다.

"오늘 하루는 편히 쉬라 할 땐 언제고!"

신사원 씨는 양말을 챙겨 신으려 급하게 서랍을 열었지만 정전된 방에서 양말의 색깔을 구분하기란 쉽지 않았다.

"에라, 모르겠다!"

그는 손에 잡히는 대로 양말 두 짝을 집었다. 신사원 씨는 그대로 방을 빠져나가 야외 공연장으로 달렸다. 야외 공연장에는 신사원 씨를 제외한 모든 사람들이 집합해 있었다. 신사원 씨는 급하게 양말을 끼어 신고 무리 속으로 들어갔다. 그때 조교의 눈에 생쥐같이 끼어드는 신사원 씨가 포착되었다.

"거기, 잠깐만 나와 보시죠!"

신사원 씨는 화들짝 놀라며 앞으로 나갔다. 그러자 사람들이 배를 잡고 웃어 대기 시작했다. 신사원 씨가 신고 있는 양말이 짝짝이였던 것이다.

조교는 양말짝도 못 맞춰 신는 신사원 씨 같은 인재는 대기업에서 필요하지 않다며 신사원 씨를 그 자리에서 탈락시켜 버렸다.

짐을 챙겨 엘리베이터산을 떠나는 신사원 씨는 억울해 죽을 맛이었다.

"정전이 됐는데 그 양말이 검정색인지, 흰색인지 내가 어떻게 아냐고!"

버스 안에서 혼자 울부짖던 신사원 씨는 수학법정으로 달려가 자신의 억울함을 호소했다.

두 가지의 색으로 되어 있는 양말 통에서는
양말 3개만 꺼내면 같은 색의 양말 2개를
얻을 수 있습니다.

여기는 수학법정

몇 개를 집으면 같은 색의 양말을 신을 수 있을까요?

수학법정에서 알아봅시다.

재판을 시작합니다. 먼저 수치 변호사 의견 주세요.

아무리 대기업이라지만 이런 식으로 사람을 가지고 노는 건 말이 안 되죠. 정전이 된 게 신사원 씨 책임은 아니잖아요? 정전이 되었는데 어떻게 같은 색깔의 양말을 신고 나가나요? 물론 우연히 그럴 수도 있지만 그렇지 않을 경우가 더 많을 텐데, 그런 걸로 사람을 탈락시키면 안 된다고 봅니다. 저는 이번 사건은 명백한 부당 해고라고 생각합니다.

그럼 매쓰 변호사 의견 주세요.

논리 연구소의 조비둘 박사를 증인으로 요청합니다.

머리가 반쯤 벗겨진 40대 남자가 증인석에 앉았다.

증인이 하는 일은 뭐죠?

수학적인 논리를 키워 주는 일을 하고 있습니다.

이번 사건이 논리와 관계있나요?

물론입니다. '비둘기 집의 원리' 라는 논리지요.

그게 뭐죠?

비둘기 세 마리를 두 개의 집에 넣는 경우의 수는 모두 네 경우가 생깁니다.

그건 왜죠?

두 집 중 한 집만 보죠. 그럼 그 집에 비둘기가 0마리, 1마리, 2마리, 3마리가 올 수 있으므로 3+1가지의 경우가 생깁니다.

그렇군요. 그럼 이번 양말 사건도 이 원리로 해결이 되나요?

물론입니다. 이 경우에는 양말 3개만 꺼내면 무조건 같은 색의 양말 두 개를 얻을 수 있습니다. 여기서 3=2+1이죠.

어째서죠?

양말 3개를 꺼냈을 때 가능한 경우는 다음과 같아요.

검정 검정 검정

검정 검정 하양

검정 하양 하양

하양 하양 하양

이 모든 경우 적어도 두 개의 양말의 색은 같지요?

그렇군요.

그렇다니까요.

가만, 그럼 신사원 씨가 3개만 아무렇게나 꺼내서 들고 뛰어

간 다음에 밖에서 짝을 맞춰 보면 그런 실수는 하지 않았겠군요. 그렇다면 회사의 신사원 씨 해고는 정당했다고 수학적으로 판단할 수밖에 없습니다.

비둘기 집 원리

비둘기가 10마리 있는데, 비둘기 집이 9개밖에 없더라도 비둘기가 그 집에 한 마리씩 들어갈 수 있을까요? 쉽게 짐작할 수 있듯이, 답은 '불가능하다' 입니다. 정확히 어떤 집이라고는 말할 수 없겠지만 적어도 한 집에는 비둘기가 두 마리 이상 들어가야 한다는 것을 쉽게 증명할 수 있습니다. 이와 같은 논리를 수학에서는 '비둘기 집의 원리(Pigeon-Hole Principle)' 라고 합니다.

비둘기 집의 원리는 1834년에 수학자 디리클레에 의해 '서랍 원리' 라는 이름으로 처음 소개되었습니다. 누구나 쉽게 이해할 수 있을 만큼 쉬운 논리이지만 그만큼 강력한 원리로 수학의 여러 분야에서 널리 쓰이고 있습니다.

예를 들어 보겠습니다. 사람의 머리카락 수는 15만 개를 넘지 않는다고 합니다. 그러므로 아무리 머리카락이 많은 사람이라도 100만 개를 넘는 머리카락을 가진 사람은 없다고 가정해도 아무런 문제가 없습니다. 그런데 우리나라에 사는 사람은 5천만 명이 넘기 때문에, 비둘기 집의 원리를 적용하면 머리카락이 없는 사람, 머리카락이 1개 있는 사람, 2개 있는 사람 등으로 하나씩 배정해 나간다 해도 100만 개에서 멈춰야만 합니다. 따라서 우리나라에 사는 사람 중에는 머리카락의 수가 같은 사람이 반드시 2명 이상 있어야만 한다는 결론을 내릴 수 있습니다.

OX 수학 시험

시험 점수의 기댓값 기준은 어떤 방식으로 정해진 것일까요?

고지식과 돌돌이는 둘 다 초등학교 3학년으로 같은 학교 같은 반 친구이다. 며칠 전 제비뽑기를 통해 짝꿍이 된 둘은 요즘 서로에 대해 조금씩 알아가는 중이다.

"지식아, 축구하러 안 갈래?"

점심 시간, 밥을 먹고 난 돌돌이가 책상에 앉아 책을 읽는 고지식에게 물었다.

"아니, 난 교실에 앉아 있는 게 좋아."

고지식은 축구공을 안고 있는 돌돌이를 지긋이 쳐다보며 미소 지었다.

"그래? 그러면 좀 있다 보자!"

"그래!"

이처럼 고지식과 돌돌이는 성격이 달라도 아주 달랐다.

고지식은 어찌 보면 고리타분했지만 모범생인 아이였다. 하지만 고지식은 노력하는 만큼 점수가 안 나오는 아이이기도 했다. 그건 고지식이 문제를 해결하는 데 다른 아이들보다 시간이 많이 걸려서 시험 때가 되면 시험 문제의 절반을 풀고 나면 항상 종이 울리곤 했기 때문이었다.

하지만 그런 상황에도 아랑곳하지 않고, 고지식은 학교에 등교해서 하교할 때까지 공부만 했다. 열심히 공부하면 언젠가는 만점을 받으리라는 희망 때문이었다. 그러다 보니 고지식의 주변에는 친구가 적었다.

"아! 하루 종일 공부만 할 수 있는 세상에서 살고 싶어!"

반면, 돌돌이는 공부라면 치를 떠는 아이였다. 수업 시간에는 물 한 모금 못 얻어먹은 풀처럼 시들시들하다가, 쉬는 시간만 되면 영양제를 한 사발 들이켠 풀처럼 생생하게 피어나는 것이 돌돌이였다. 등교해서부터 하교할 때까지 돌돌이의 머릿속은 온통 뭐하고 놀까 하는 고민밖에 없었다.

"아! 하루 종일 놀 수 있는 세상에서 살고 싶어!"

서로 너무 다른 고지식과 돌돌이는 서로의 다른 점을 인정해 가며 사이좋게 지냈다. 그러던 어느 날, 고지식과 돌돌이가 똑같이 싫어하는 것이 나타났다.

"자자, 조용히! 다음 주 월요일은 수학 시험을 치르겠다. 다들 공부해 오도록!"

담임선생님이 갑자기 시험을 보겠다고 선언한 것이다. 고지식과 돌돌이의 얼굴이 동시에 엉망으로 구겨졌다.

"으이! 공부하기 싫은데! 지식이 넌 공부 많이 했지?"

돌돌이가 가방을 챙기며 말했다.

"하지만 문제를 빨리 풀 수 없어 고민이야. 제발 문제가 적게 나와야 할 텐데……."

고지식은 머리를 긁적였다.

그때 돌돌이가 고지식의 어깨를 툭 치며 말했다.

"지식아! 오늘 나랑 같이 PC방 가자! 너 카드라이터 게임 할 줄 알아? 오늘 옆 반 남자 애들이랑 한판 붙기로 했거든. 안 그래도 한 명 모자라던 참인데 잘됐다. 하하하."

돌돌이는 고지식의 팔을 끌어당겼다. 그러나 공부 중독증인 고지식의 속마음은 어서 빨리 집에 가서 공부를 하고 싶을 뿐이었다. 어떻게 이 상황에 대처할까 고민하던 고지식은 갑자기 자신의 이마를 짚으며 책상에 엎드렸다.

"아……."

"지식아, 왜 그래?"

깜짝 놀란 돌돌이가 고지식의 등에 손을 얹고 물었다.

"갑자기 머리가 깨질 듯 아파. 배도 조금씩 아파 오고. 아무래도 체했나 봐."

대부분의 아이들은 공부를 안 하려고 꾀병을 부리는데 고지식은 공부를 하기 위해 꾀병을 부리고 있었다.

"진짜? 큰일 났네! 자, 업혀! 일단 병원까지 데려다 줄게."

돌돌이는 고지식 앞에 자신의 등을 내밀었다.

"아니야, 돌돌아. 카드라이터 게임에 늦겠다. 얼른 가 봐. 난 혼자 갈 수 있어."

원래 온몸이 멀쩡한 고지식은 괜찮다며 돌돌이의 성의를 극구 사양했다.

"정말 괜찮겠어? 그러면 주말 잘 보내고 월요일에 건강한 모습으로 보자!"

걱정스러운 눈빛으로 고지식을 바라보던 돌돌이는 친구들과 함께 교실 문을 빠져나갔다.

집으로 돌아온 고지식은 주말 내내 공부 삼매경에 빠졌다.

"역시, 학문에는 끝이라는 게 없어. 하루 종일 해도 모자랄 판에 PC방이 웬 말이야?"

고지식의 책들은 고지식의 연필 자국으로 새카매지고 있었다. 그런데 그날 저녁 고지식의 집에 생전 처음으로 고지식을 찾는 전화가 걸려 왔다.

"지식아, 전화 받아! 같은 반 친구 돌돌이라는구나!"

거실에서 엄마가 소리쳤다.

"돌돌이?"

고지식은 의아해하며 거실로 나가 전화를 받았다.

"여보세요?"

"지식아! 나야 돌돌이."

"아, 돌돌이구나. 근데 웬일이야?"

"몸은 괜찮나 싶어서 전화했어."

"아……."

고지식은 돌돌이의 세심한 마음 씀씀이에 감동했다. 친구에게 이런 관심을 받아 보는 게 난생처음이었다.

"괜찮은 거야?"

잠시 멍하게 서 있던 고지식의 귀에 다시 돌돌이의 음성이 들려왔다.

"응, 이제 좀 괜찮아졌어."

"다행이다! 하하하. 지식아, 그러면 내일 학교 운동장으로 나올래? PC방에서 게임하는데 네가 있었으면 좋았겠다는 생각이 자꾸 들어서 말이야. 내일은 학교에서 발야구하기로 했거든. 내가 내 친구들도 소개시켜 줄게. 나올 수 있지?"

"내…… 내일?"

고지식은 고민에 빠졌다. 친구냐, 공부냐 그것이 문제였다. 고지식의 눈앞에 일요일 저녁까지 꼬박 보아도 다 보지 못할 수학 문제들이 아른거렸다. 결국 고지식은 공부를 택했다.

"돌돌아, 진짜 미안! 몸이 좀 괜찮아지긴 했는데 내일까지는 쉬어야 할 것 같아."

"그렇구나. 알았어! 몸조리 잘하고 월요일 날 봐!"

고지식과 돌돌이의 처음이자 마지막 통화가 그렇게 끝났다. 다시 자기 방으로 들어간 고지식은 이를 꽉 물고 코피 나게 공부했다.

드디어 선생님이 예고하신 월요일! 책상이 시험 대형으로 맞춰지고 시험지가 배부되었다. 시험지에는 OX 수학 문제가 100문제 출제되어 있었다.

돌돌이는 시험이 시작된 지 5분도 되지 않아 시험지를 제출하고 나갔다. OX 문제라 다 찍어 버린 것이다.

그러나 고지식은 40분 동안 머리를 긁적이며 문제를 풀었다. 하지만 워낙 속도가 느려서 절반 조금 넘게 풀었을 때 선생님이 답지를 걷어 가셨다.

그리고 얼마 후 수학 선생님이 회초리와 답안지를 들고 들어오셨다. 그리고 학생 한 명 한 명의 점수를 불러 주었다.

"김수석 100점."

"진공부 98점."

이렇게 성적순으로 학생들의 이름을 불렀다.

"고지식 50점."

고지식의 이름을 부르고 난 선생님은 손에 남아 있는 답안지를 교탁에 내려놓고 말했다.

"50점까지는 통과! 50점 아래부터는 1점당 한 대씩 회초리 공격이다."

선생님이 그다음에 부른 사람은 돌돌이였다.

"돌돌이 49점 한 대!"

선생님은 돌돌이에게 답지를 건네주며 힘차게 한 대 때렸다.

집에 돌아온 돌돌이는 아버지에게 학교에서 일어난 일을 이야기했다. 지식이와 1점 차이가 나는데 지식이는 안 맞고 자신은 맞은 게 억울했던 것이었다. 그러자 돌돌이의 아버지는 고지식과 돌돌이를 선생님이 차별 대우했다며, 선생님을 수학법정에 고소했다.

기댓값은 어떤 사건이 일어날 때 얻어지는 양과
그 사건이 일어날 확률을 곱하여
얻어지는 가능성의 값을 말합니다.

선생님은 왜 고지식은 안 때리고
돌돌이는 때렸을까요?
수학법정에서 알아봅시다.

재판을 시작합니다. 원고 측 변호사 의견을 말해 주세요.

50점이나 49점이나 그게 그거입니다. 그런데 50점을 받은 고지식 군은 안 때리고 49점을 받은 돌돌이 군은 때린다는 것은 말이 안 됩니다. 뭔가 좀 냄새가 나는군요. 혹시 고지식 군에게 예쁜 누나가 있는 건 아닐까요?

수치 변호사. 고지식 군은 누나는 없고 형 한 명만 있어요.

그럼 혹시 돈?

요즘 돈 받는 선생님이 어디 있어요?

아무튼 그건 좀 말이 안 됩니다.

아이고, 저걸 변론이라고. 매쓰 변호사 피고 측 변론하세요.

저는 생각이 좀 다릅니다.

어떻게 다르죠?

OX 문제는 답이 O 또는 X입니다. 그러니까 아무렇게나 답을 기재해도 절반은 맞힐 수 있어요. 이번 시험은 OX 문제가 100문제이니까 이 시험에서 아무렇게나 적었을 때 맞힐 수 있는 문제 수의 기댓값은 100문제의 반인 50문제입니다.

 왜 50문제죠?

문제 하나에 아무렇게나 답을 쓸 때 맞힐 확률은 2분의 1입니다. 두 개의 OX 문제가 출제되었다고 합시다. 답을 몰라 아무렇게나 찍었을 때 나올 수 있는 점수는 0점, 1점, 2점입니다.

모두 틀리는 경우는 1번도 틀리고 2번도 틀리는 경우 한 가지이고, 이렇게 될 확률은 $\frac{1}{2} \times \frac{1}{2} = \frac{1}{4}$ 입니다. 한 문제를 맞히는 경우는 1번 맞추고 2번 틀리거나 1번 틀리고 2번 맞추는 경우로 두 가지입니다. 두 경우의 각각의 확률은 $\frac{1}{2} \times \frac{1}{2} = \frac{1}{4}$ 이므로 한 문제를 맞힐 확률은 $\frac{2}{4}$ 입니다.

마지막으로 두 문제를 모두 맞히는 경우는 1번 2번 모두 맞추는 경우 한 가지이고 그 확률은 $\frac{1}{2} \times \frac{1}{2} = \frac{1}{4}$ 입니다.

이제 맞힌 문제 수와 각각의 확률을 표로 만들면 다음과 같습니다.

맞힌 문제 수	0	1	2
확률	$\frac{1}{4}$	$\frac{2}{4}$	$\frac{1}{4}$

이때 맞힌 문제 수의 기댓값은 각각의 맞힌 문제 수와 그때의 확률을 곱한 값을 더하면 됩니다. 즉 다음과 같지요.

$$0 \times \frac{1}{4} + 1 \times \frac{2}{4} + 2 \times \frac{1}{4} = 1$$

즉 맞힌 문제 수의 기댓값은 1개입니다. 이 기댓값은 전체 문제 수 2와 한 문제를 맞힐 확률 $\frac{1}{2}$ 의 곱입니다. 그러므로 선생님은 아무렇게나 찍어도 나올 수 있다고 여기는 점수, 즉 기댓값이 되겠지요? 그 기댓값에도 못 미치는 점수를 받은 사람을 벌준 것입니다. 그렇다면 고지식 군은 가까스로 OX 100문제의 기댓값에 해당하는 점수에 도달했고, 돌돌이 군은 그에 못 미쳤으므로 돌돌이 군을 때리고 고지식 군을 안 때린 선생님의 판단은 정당했다고 주장합니다.

허허! 아무렇게나 찍어도 50점 정도가 기대되는데, 그 점수도 안 나왔다니 돌돌이 군은 맞을 만하군요. 아무튼 이번 사건에 대해 선생님은 점수의 기댓값을 기준으로 하여 그 이상인 점수를 받은 사람은 안 때리고 기댓값에 못 미치는 점수를 받은 학생을 때린 처사는 공평하다고 판결합니다. 돌돌이 군과 부모님은 사랑의 매로 생각해 주세요.

기댓값

동전 두 개를 동시에 던지는 경우를 생각해 봅시다. 나오는 앞면의 개수의 기댓값은 어떻게 될까요? 기댓값의 정의를 쓰면 $0\times\frac{1}{4}+1\times\frac{2}{4}\times\frac{1}{4}+2=1$입니다. 따라서 앞면이 한 개 정도 나오리라 기대할 수 있습니다. 그런데 기대대로 될까요? 꼭 그렇지는 않습니다. 확률의 세계에서는 그다음 결과가 정확하게 예측되지 않기 때문이죠. 다만 수학적으로 보면 그렇게 기대할 수도 있습니다.

수학성적 끌어올리기

평균

학생 수가 10명인 어떤 반 학생들의 몸무게가 다음과 같다고 가정해 봅시다. 단위는 kg이라고 합시다.

38, 45, 48, 50, 44, 35, 55, 46, 56, 38

이러한 값들을 우리는 자료라고 합니다. 자, 이것을 가지고 10kg 간격으로 표를 만들어 볼까요?

몸무게	학생 수
30 이상 40 미만	3
40 이상 50 미만	4
50 이상 60 미만	3

□ 이상에서 △ 이하를 간단하게 □~△라고 합시다.

몸무게	학생 수
30 ~ 40	3
40 ~ 50	4
50 ~ 60	3

이때, 30~40, 40~50, 50~60과 같이 몸무게를 일정한 간격으로 나눈 구간을 계급이라고 합니다.

여기서는 10kg 간격으로 나눴지요? 이때 10을 계급의 크기라고 합니다. 30~40, 40~50, 50~60의 중앙값은 각각 35, 45, 55인데 그것을 각 계급의 계급값이라고 합니다.

30점 이상 40점 미만인 학생 3명이 각각 몇 점인지를 알 수 없습니다. 그럼 어떻게 평균을 구할까요? 이럴 때는 각 계급의 계급값을 몸무게의 칸에 적으면 됩니다.

몸무게(kg)	학생 수
35	3
45	4
55	3

그러면 몸무게가 35kg인 학생이 3명, 45kg인 학생이 4명, 55kg인 학생이 3명이라고 생각하겠지요? 하지만 실제 10명의 평균과는 다릅니다. 이렇게 계급값으로 주어진 경우 계급값을 이용하여 구한 평균은 참값이 아니라 근사값이 됩니다.

$$\therefore \text{평균} = \frac{35 \times 3 + 45 \times 4 + 55 \times 3}{3+4+3} = 45$$

가평균을 이용한 평균

이번에는 평균을 빨리 구하는 방법을 알아보도록 합시다.

예를 들어 다음 수들의 평균을 구해 봅시다.

998, 999, 1,000, 1,003, 1,005

$$\text{평균} = \frac{998 + 999 + 1000 + 1003 + 1005}{5}$$

이렇게 하면 시간이 너무 많이 걸리겠지요? 그래서 쓰는 것이 가평균입니다. 각각의 수들은 1,000 주위의 값들이지요. 이럴 때는 1,000을 가평균으로 택하면 됩니다.

각각의 수에서 가평균을 뺀 값을 써 볼까요?

−2, −1, 0, 3, 5

그럼 평균은 $1000+\frac{(-2)+(-1)+0+3+5}{5}=1001+1=1001$ 이 됩니다.

이렇게 가평균을 쓰면 좀 더 쉽게 평균을 구할 수 있게 됩니다.

산포도와 표준 편차

변량들이 평균을 중심으로 얼마나 흩어져 있는지를 나타내는 것을 산포도라고 합니다.

산포도는 흩어져 있는 정도라는 뜻을 가집니다. 예를 들어 똑같이 5명으로 구성된 과외 교실 A, B가 있습니다.

두 반 학생들의 수학 점수는 다음과 같습니다.

A반의 수학 점수: 0, 10, 50, 90, 100

B반의 수학 점수: 40, 45, 50, 55, 60

두 반의 평균을 구해 볼까요? 어랏! 똑같이 50점이 나오는군요. 그럼 선생님이 어떤 반을 가르치는 게 편할까요? 당연히 성적이 비슷한 애들이 모여 있는 B반입니다. 이렇게 같은 평균을 가진 경우라도 평균 주변에 모여 있느냐 퍼져 있느냐에 따라 점수의 분포 상태가 달라지게 됩니다. 이때 점수의 분포 상태를 나타내기 위한 개념이 산포도라는 개념이 됩니다. 그러니까 A반은 산포도가 크고 B반은 산포도가 작은 것이죠.

산포도를 숫자로 나타내는 것이 분산입니다. 먼저 편차에 대해 알아보도록 합시다.

(편차)=(변량)−(평균)

그럼 다시 두 반의 성적을 봅시다.

A반의 수학 점수: 0, 10, 50, 90, 100
B반의 수학 점수: 40, 45, 50, 55, 60

수학성적 끌어올리기

A반과 B반의 편차를 써 봅시다.

A반	−50	−40	0	40	50
B반	−10	−5	0	5	10

편차를 보니까 B반의 점수가 평균 주변에 모여 있지요? 이때 편차의 제곱의 평균을 분산이라고 합니다.

A반과 B반의 분산을 구해 봅시다.

A반의 분산$=\dfrac{(-50)^2+(-40)^2+0^2+40^2+50^2}{5}=1640$

B반의 분산$=\dfrac{(-10)^2+(-5)^2+0^2+5^2+10^2}{5}=50$

그러니까 A반의 분산이 훨씬 더 크지요?

이렇게 분산을 이용하면 수치로 산포도를 알 수 있습니다.

수학과 친해지세요

이 책을 쓰면서 좀 고민이 되었습니다. 과연 누구를 위해 이 책을 쓸 것인지 난감했거든요. 처음에는 대학생과 성인을 대상으로 쓰려고 했습니다. 그러다 생각을 바꾸었습니다. 수학과 관련된 생활 속의 사건이 초등학생과 중학생에게도 흥미 있을 거라는 생각에서였지요.

초등학생과 중학생은 앞으로 우리나라가 21세기 선진국으로 발전하기 위해 필요로 하는 과학 꿈나무들입니다. 그리고 과학의 발전에 가장 큰 기여를 하게 될 과목이 바로 수학입니다.

하지만 지금의 수학 교육은 논리보다는 단순히 기계적으로 공식을 외워 문제를 푸는 방법이 성행하고 있습니다. 과연 우리나라에서 수학의 노벨상인 '필즈 메달' 수상자가 나올 수 있을까 하는 의문이 들 정도로 심각한 상황에 놓여 있습니다.

저는 부족하지만 생활 속의 수학을 학생 여러분들의 눈높이에 맞추고 싶었습니다. 수학은 먼 곳에 있는 것이 아니라 우리 주변에 있다는 것을 알리고 싶었습니다. 수학 공부는 논리에서 시작됩니다. 올바른 논리는 수학 문제를 정확하게 해결할 수 있도록 도와줄 수 있기 때문입니다.